KLIMA
IN 30 SEKUNDEN

KLIMA
IN 30 SEKUNDEN

Phänomene, Modelle,
Prognosen

Herausgeberin
Joanna D. Haigh

Vorwort
Susan Solomon

Mit Beiträgen von:

Claire Asher	**Joanna D. Haigh**
Ben Britton	**Ed Hawkins**
Hugh Coe	**Ellie Highwood**
Matthew Collins	**Bryan Lawrence**
Sheridan Few	**Shawn Marshall**
Brian Finlayson	**John Marsham**
Alyssa Gilbert	**John Shepherd**
Heather Graven	**Keith Shine**
Sue Grimmond	**Tim Woollings**

Illustrationen:
Nicky Ackland-Snow

Librero

Titel der Originalausgabe:
»30-Second Climate«

© 2020 Librero IBP (für die deutsche Ausgabe)
Postbus 72, 5330 AB Kerkdriel, Niederlande

© 2019 Quarto Publishing plc

Herausgeber: Susan Kelly
Künstlerische Leitung: Michael Whitehead
Chefredakteur: Tom Kitch
Redaktion: Stephanie Evans
Designmanagement: Anna Stevens
Gestaltung: Ginny Zeal
Glossare: Claire Asher
Redaktionsassistenz: Niamh Jones
Bildbeschaffung: Katie Greenwood

Aus dem Englischen von Markus Roduner
Lektorat und Satz: G & R Vilnius, Litauen
Gedruckt und gebunden in Hong Kong

978-94-6359-369-4

Umschlagbild: Shutterstock/PhillipYb Studio/
T. Lesia/LoopAll/ Bukavik

INHALT

VORWORT
Susan Solomon

Die vielen unterschiedlichen Klimazonen auf unserem Planeten zeigen sich in so gegensätzlichen Landschaften wie der antarktischen Eiswüste oder dem glühenden Sandmeer der Sahara. Die folgenden Seiten erklären, wie diese unterschiedlichen Klimate auf unserem Heimatplaneten entstanden und welchen Veränderungen sie durch uns Menschen ausgesetzt sind. Das Klima hängt von verschiedenen Faktoren wie Meeren, Biosphäre, Eis, Atmosphäre, Wolken, geografischer Breite und Topografie, aber natürlich auch von der Sonne ab.

Die Erforschung dieser Faktoren blickt auf eine lange Geschichte zurück. Daten von Messstationen, die einen längeren Zeitraum abdecken, die Fernerkundung vom Boden, Ballons und Raketen sowie die moderne Satellitenüberwachung tragen alle maßgeblich zu unserem Verständnis von Klima und Klimawandel bei sowie zur Beurteilung der Rolle, die wir Menschen dabei spielen.

Die globale Erderwärmung ist nicht in Abrede zu stellen. Der Mensch beeinflusst das globale Klima unseres Planeten seit Jahrhunderten – mit Auswirkungen wie Gletscherrückgang, steigenden Meeresspiegeln, Störungen der Nahrungs- und Wasserversorgung sowie der Zunahme von Temperaturschwankungen. Zwar veränderten sich Klima und Kohlendioxidwerte in der Atmosphäre auch schon in ferner Vergangenheit, aber der prognostizierte Anstieg des Kohlendioxidgehalts im 21. Jahrhundert stellt alles Vergangene in den Schatten, sodass die Möglichkeit einer Korrektur fraglich erscheint.

Die Eindämmung des vom Menschen verursachten Klimawandels verlangt nach einer massiven Veränderung unseres Umgangs mit Energie. Die Folgen des Klimawandels gehören zu den größten Herausforderungen, denen sich die Menschheit je stellen musste – ja, sie ist vielleicht sogar die größte, die ein Zusammenwirken von Wissenschaften, Politik und öffentlichem Bewusstsein erfordert. Zu unseren Hauptaufgaben gehören die Förderung und Implementierung erneuerbarer Energien, die Aus-

Messungen von Druck, Temperatur, Wind und anderen meteorologischen Werten müssen regelmäßig weltweit durchgeführt werden, um valable Klimaaufzeichnungen zu erhalten.

lotung von Potenzial und Risiken der Kernenergie und des Geoengineerings, die Frage der praktischen Umsetzbarkeit der CO_2-Sequenzierung sowie innovative Systeme zur Energieübertragung und -speicherung.

Den Autoren gelingt eine schlüssige Darstellung dieser und vieler anderer Konzepte der Klimawissenschaften und deren praktischer Umsetzung in einer verständlichen Sprache.

Klimawissenschaftler versuchen, das komplexe Zusammenspiel der physikalischen, chemischen und biologischen Teilsysteme der Erde und ihrer Atmosphäre zu verstehen und zu interpretieren.

EINFÜHRUNG

Joanna D. Haigh

Das Klima ist die grundlegende Voraussetzung für

Leben auf der Erde. Ohne die wärmende Decke der Atmosphäre wäre ihre Oberfläche ein kalter, unwirtlicher Ort, und ohne das Wasser, das aus den Ozeanen verdunstet und von den Winden als Wolken verteilt wird, hätte sich das Leben auf der Erde, wenn überhaupt, ganz anders entwickelt. Unser Klima wird bestimmt von der Atmosphäre, den Ozeanen, dem Eis auf dem Meer und an Land, der Biosphäre und deren Zusammenspiel. Jede dieser Komponenten verändert sich mit der Zeit und ist von Ort zu Ort völlig unterschiedlich. Das führt im Ergebnis zu einem äußerst komplexen Klimasystem. Erstaunlicherweise hat sich das Klima seit der Entstehung der Erde zunehmend stabilisiert. Wir können heute einzelnen Regionen der Erde Klimazonen mit typischen Eigenschaften wie Temperatur, Niederschlägen, Jahreszeitenverlauf sowie spezifischer Flora und Fauna zuordnen.

Klimatische Zusammenhänge zu verstehen, stellt für die Wissenschaften gleichermaßen eine Herausforderung und ein faszinierendes Unterfangen dar. Einige Aspekte des Klimas wie die Hauptmerkmale der atmosphärischen Zirkulation, die grundlegenden Wolkenprozesse oder die Solarkonstante sind seit Jahrzehnten bekannt, während viele andere, darunter der Zeitpunkt der El-Niño-Ereignisse, die Kopplung zwischen biogeochemischen Kreisläufen und terrestrischen Ökosystemen oder die Wechselwirkung von Ozeanen und Eiskappen für ein umfassenderes Verständnis noch einer eingehenderen Erforschung bedürfen.

Das Klima befand sich seit jeher im Wandel, sei es aufgrund der inhärenten Komplexität des Systems, sei es als Reaktion auf externe Faktoren wie Vulkanausbrüche oder veränderte Sonnenaktivität. Grundlegend anders ist in jüngerer Zeit jedoch, dass menschliches Einwirken Veränderungen in einem unüberschaubaren Ausmaß und mit hoher Geschwindigkeit verursacht. Zu den menschengemachten Faktoren gehören die stark angestiegenen Emissionen in Landwirtschaft und Industrie, vor allem aber die ständig in die Atmosphäre freigesetzten Treibhausgase, insbesondere Kohlendioxid (CO_2) aus der Verbrennung fossiler Brennstoffe. Einen Weg zu finden, um die Wirtschaft global zu dekarbonisieren und den Menschen auf der ganzen Welt zugleich einen angemessenen Lebensstandard zu garantieren, der auch noch nachhaltig ist,

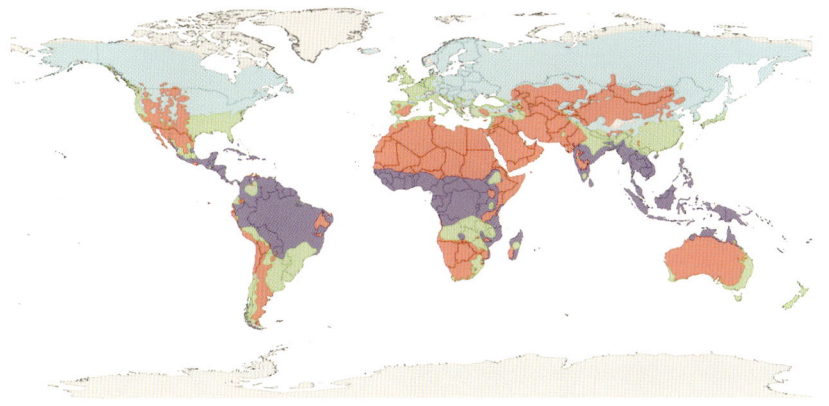

Die fünf wichtigsten Klimazonen auf der Erde nach dem System, das der russisch-deutsche Klimatologe Wladimir Köppen 1900 zur Klassifizierung der Klimate zu Lande erstellte.

stellt heute und in näherer Zukunft wahrscheinlich die größte Herausforderung der Menschheit dar.

Klima in 30 Sekunden gliedert sich in sieben Abschnitte, die das Thema aus unterschiedlichen Perspektiven beleuchten: **Das Klimasystem der Erde** behandelt die atmosphärische und die ozeanische Zirkulation, die in ihrem Zusammenwirken für die sehr unterschiedlichen Klimate auf der Erde verantwortlich sind. In **Erwärmung & Abkühlung** steht die Sonneneinstrahlung im Zentrum, die Atmosphäre und Erdoberfläche erwärmt; Treibhausgase schließen diese Wärmeenergie im Klimasystem ein, sodass die Wärme in Bodennähe erhalten bleibt. In **Wasser** lernen wir die entscheidende Rolle des Wasserkreislaufs für das Klima kennen, wobei der Einfluss der Erscheinungsformen des Wassers einzeln zur Sprache kommt: als Eis in Wolken, auf dem Land oder auf den Meeren, in flüssiger Form in Wolken, Meeren, Flüssen und Seen sowie als Dampf in der Atmosphäre. **Leben & biogeochemische Kreisläufe** widmet sich der Entwicklung des Lebens auf der Erde in Abhängigkeit vom Klima und der Rolle des Kohlenstoffkreislaufs für die enge Verbindung, die zwischen beiden Systemen besteht. Ferner wird hier das Mikroklima, unter anderem in Städten und Wäldern, in einen größeren Zusammenhang gestellt.

Um das Klimasystem in seiner ganzen komplexen Vielfalt zu verstehen, greifen die Forscher auf eine schier unermessliche Zahl und Vielfalt von Messungen zurück und werten sie aus – sie sind das Thema des fünften Abschnitts, **Beobachtungen & Modellierung**. Faktoren, die das Klima verändern, und einige ihrer Auswirkungen auf uns Menschen, die natürlichen Systeme der Erde, das Wetter und die Ozeane werden im Abschnitt über den **Klimawandel** diskutiert.

Und schließlich kommen wir in **Die Zukunft** auf die möglichen Auswirkungen menschlicher Emissionen auf die globalen Temperaturen sowie auf einige der Maßnahmen zu deren Abmilderung zu sprechen. Lernen Sie die Welt des Klimas und seine Faszination näher kennen.

DAS KLIMASYSTEM DER ERDE

DAS KLIMASYSTEM DER ERDE
GLOSSAR

El Niño Eine der drei Phasen von ENSO (El Niño/Southern Oscillation), einem komplexen, gekoppelten Zirkulationssystem von Meeresströmung und Winden. El Niño (»der Junge«) bezieht sich dabei auf die warme Phase des Zyklus mit wärmeren Oberflächentemperaturen im mittleren und östlichen tropischen Pazifik.

Globales Förderband System von Oberflächen- und Tiefenströmungen, das Wasser, Wärme, Salz und Nährstoffe durch alle Ozeane befördert und diese in ständiger Bewegung hält. Die Tiefenströmungen werden durch Temperatur- und Salzgehaltsschwankungen erzeugt, die Oberflächenströmungen durch Winde. Kälteres, salzhaltigeres Wasser sinkt ab, wärmeres, weniger salzhaltiges auf. Der Golfstrom bringt warmes Wasser zum Europäischen Nordmeer, wo es Wärme an die Atmosphäre abgibt und auf den Meeresboden sinkt. Von hier treibt die kontinuierliche Warmwasserzufuhr durch den Golfstrom das kühle Wasser nach Süden bis in die Antarktis, wo das Förderband von Neuem beginnt.

Golfstrom Warme, rasch fließende Meeresströmung, die warmes Wasser aus dem Golf von Mexiko über den Atlantik befördert. An der Ostküste Nordamerikas, wo sie den offenen Ozean erreicht, beschleunigt sie und teilt sich später in zwei Teile: den Nordatlantikstrom, der warmes Wasser nach Nordeuropa bringt, und den Kanarenstrom, der es nach Westafrika befördert.

Hadley-Zelle Atmosphärisches Zirkulationsmuster, bei dem die Luft in der Nähe des Äquators aufsteigt, in etwa 15 Kilometern Höhe polwärts in Richtung Subtropen wandert und in Bodennähe zurückkehrt.

Kontinentalität Grad, in dem das Klima einer bestimmten Region die typischen Merkmale des Kontinentalklimas wie starke Temperaturschwankungen aufweist. Aufgrund der viel geringeren spezifischen Wärmekapazität verdunstet über dem Land weniger Wasser, was zu großen jahreszeitlichen Temperaturunterschieden führt.

Konvektionszelle Entsteht bei Erwärmung eines Fluids (Flüssigkeit oder Gas) infolge des Dichtegefälles. Die Substanz dehnt sich immer weiter aus, ihre Dichte nimmt entsprechend ab; kühleres, dichteres Wasser nimmt ihren Platz ein. Es bildet sich ein System von aufsteigenden und fallenden Konvektionsströmen, da das Fluid versucht, sich in Richtung Gleichgewicht zu bewegen. In der Atmosphäre erzeugen Konvektionszellen Winde und Wolken: Über dem Land erwärmt sich die Luft schneller als über dem Meer; ein Bereich mit niedrigem Luftdruck entsteht, der die gut bekannte Meeresbrise erzeugt.

Kryosphäre Der gefrorene Teil der Hydrosphäre, die Gesamtheit der Eisvorkommen auf einem Himmelskörper.

Kuroshio Eine starke Oberflächen-Meeresströmung im Pazifik von den Philippinen nach Japan.

Nordatlantische Oszillation (NAO) Wetterphänomen, das im Nordatlantik Schwankungen des Luftdrucks auf Meereshöhe verursacht. Diese sind mit für die Westwinde und die Zugrichtung von Stürmen verantwortlich. Der Luftdruck ist in Island auf Meereshöhe niedriger (Islandtief) als auf den Azoren (Azorenhoch). Der Unterschied zwischen den beiden Druckextremen dient als Maß für die gegenwärtige Stärke des NAO.

Ozeanische Großwirbel (Meereswirbel) Großes System zirkulierender Meeresströmungen, die hauptsächlich durch den Wind angetrieben werden. Die ozeanischen Großwirbel halten ihrerseits das globale Förderband (die thermohaline Zirkulation) in Gang. Die Erdrotation beeinflusst die Richtung der Wirbel, sobald sie sich gebildet haben, Kontinente und Inseln deren Größe.

Ozeansenke Die Ozeane nehmen gelösten Kohlenstoff in großen Mengen auf und speichern ihn: Sie sind damit Kohlenstoffsenken. Wenn sich Kohlendioxid aus der Atmosphäre und von verrottenden Meereslebewesen in ihrem Wasser auflöst, sinkt der pH-Wert des Wassers – es wird sauer.

Seeklima Große Gewässer wirken auf das lokale Klima ein: So schwanken die Oberflächentemperaturen weniger stark, sowohl im Laufe des Tages als auch saisonal. *Siehe* Kontinentalität.

Strahlungsantrieb Differenz zwischen der Energie des von der Erde absorbierten Sonnenlichts und der in den Weltraum abgestrahlten. Der Strahlungsantrieb ist positiv, wenn mehr Energie absorbiert als abgestrahlt wird. Weil so ein Teil der Energie in der Erdatmosphäre eingeschlossen wird, erwärmt sich das Klima. Natürliche Faktoren wie Vulkanausbrüche oder Schwankungen der Sonneneinstrahlung, aber auch landwirtschaftliche oder industrielle Prozesse, die das Reflexionsvermögen der Oberfläche oder die Zusammensetzung der Atmosphäre beeinflussen, verursachen Strahlungsantrieb.

Tief-/Hochdruckgebiet Ein Tiefdruckgebiet (falls dynamisch, auch Zyklone genannt) weist ein Zentrum mit niedrigerem Luftdruck auf, zu dem hin die Luft nach innen rotiert – auf der Nordhalbkugel gegen den Uhrzeigersinn, auf der Südhalbkugel im Uhrzeigersinn. Das Gegenstück ist das Hochdruckgebiet, das die Luftmassen antizyklonal umströmen – auf der Nordhalbkugel im Uhrzeigersinn, auf der Südhalbkugel gegen den Uhrzeigersinn.

Umwälzzirkulation (Atlantische oder Atlantische Meridionale) Umwälzung bezieht sich hier auf das System der Oberflächen- und Tiefenströme, die das Wasser zur Zirkulation durch alle Ozeanbecken bringen und so für den weltweiten Transport von Wasser, Wärme, Salz und Nährstoffen sorgen.

KLIMASUBSYSTEME

30 Sekunden Klima

3-SEKUNDEN-EREIGNIS
Das Klimasystem der Erde besteht aus etlichen Subsystemen wie Atmosphäre, Ozeane, Landfläche, Kryosphäre (Eis) und Biosphäre, die alle miteinander interagieren.

3-MINUTEN-ZYKLUS
Prozesse des Klimasystems haben sehr unterschiedliche Größenordnungen – von kleinsträumigen Prozessen wie der Wassertropfenbildung bis hin zur erdweiten Zirkulation der Ozeane und der Atmosphäre, die für den Wärmetransport zwischen dem warmen Äquator und den kalten Polarregionen sorgt. Während Prozesse, die Strahlung beinhalten, momentan ablaufen, dauern sie bei Eisschilden Jahrtausende. Daher stellt die Modellierung des Klimasystems der Erde eine Herausforderung dar.

Jedes Klimasubsystem besteht

seinerseits aus einer ganzen Reihe physikalischer, chemischer und biologischer Prozesse. Diese stellen das Energie- und Feuchtigkeitsgleichgewicht ein und entscheiden so über das Klima an einem bestimmten Ort und/oder zu einer bestimmten Jahreszeit. Gase und kleine Partikel in der Atmosphäre beeinflussen die einfallende Sonnen- und die Rückstrahlung der Erde. Wolken verändern das Strahlungsgleichgewicht weiter. Die hochdynamische Atmosphäre transportiert ständig Wärme und Wasser in allen drei Dimensionen. Der Ozean kann Wärme in Zeiten mit überschüssiger Energiezufuhr in großen Mengen speichern und bei Energiemangel wieder abgeben. Er kann Wärme auch von einem Ort zum anderen befördern. Landflächen spielen aufgrund ihres unterschiedlichen Rückstrahlvermögens, ihrer Fähigkeit, Wärme und Feuchtigkeit im Boden und der dort wachsenden Vegetation zu speichern sowie ihres Widerstands gegen atmosphärische Winde für das Klima eine große Rolle. Die Kryosphäre, die aus zu Eis gefrorenem Wasser auf dem Meer, an der Landoberfläche (Gletscher und Eisschilde) sowie im Boden besteht, enthält etwa 90 Prozent des Süßwassers der Erde. Wegen ihrer Rolle beim Kreislauf von Gasen wie CO_2 wird auch die Biosphäre zunehmend als wichtiger Bestandteil des Klimasystems betrachtet.

VERWANDTE THEMEN
DIE ATMOSPHÄRISCHE ZIRKULATION
Seite 16

DIE OZEANISCHE ZIRKULATION
Seite 18

DER STRAHLUNGSHAUSHALT DER ERDE
Seite 32

DIE BIOSPHÄRE
Seite 70

3-SEKUNDEN-BIOGRAFIE
SYUKURO MANABE
geb. 1931
Japanischer Meteorologe und Klimatologe, früher Pionier der Entwicklung von Klimamodellen mit mehreren Subsystemen (siehe Seite 96)

30-SEKUNDEN-TEXT
Mat Collins

Die Wechselwirkungen zwischen den Subsystemen unseres komplexen Klimasystems betreffen sowohl die Mikro- als auch die Makroebene.

DIE ATMOSPHÄRISCHE ZIRKULATION

30 Sekunden Klima

3-SEKUNDEN-EREIGNIS
Die Atmosphäre befördert Wärme und Wasser aus den warmen, feuchten Äquatorialregionen in die kalten, trockenen Polarregionen. Aufgrund der Rotation der Erde entsteht ein komplexes Muster von Zirkulationsarten.

3-MINUTEN-ZYKLUS
Die weltweite Zirkulation der Atmosphäre gleicht einer »Wärmekraftmaschine«, die Sonnenwärme in die mechanische Energie von Winden, Hoch- und Tiefdruckgebieten sowie anderen atmosphärischen Zirkulationserscheinungen umwandelt. Die Wärmeenergiequelle ist dabei am Äquator, Wärmeenergiesenken sind an den Polen zu finden. Veränderungen der Atmosphärenzusammensetzung, wie eine Erhöhung des CO_2-Gehalts, führen zu Veränderungen bei den Zirkulationsmustern und dem Wetter.

In der Nähe des Äquators steigt

warme, feuchte Luft auf, dehnt sich immer mehr aus und kühlt ab, wobei Wasser in Form von tiefen Cumulonimbussen (Gewitterwolken) kondensiert. Die Luft breitet sich polwärts aus. Ohne Erddrehung würde sie bis zu den Polen driften und dort als Teil einer großen Konvektionszelle absinken. Die Erde dreht sich bekanntlich am Äquator am schnellsten. Die polwärts strömende Luft driftet somit aufgrund der Impulserhaltung von Westen nach Osten – als subtropischer Strahlstrom (Subtropenjetstream, STJ) in höheren Schichten der Atmosphäre. Diese Starkwindbänder werden mit der Zeit instabil, und so treten die als Hadley-Zelle bekannten Konvektionszellen nur in den Tropen und Subtropen auf. In mittleren Breitengraden erzeugt die zuvor erwähnte Instabilität horizontale Wellen, die in komplexen, sehr turbulent wirkenden Zirkulationsmustern Wärme und Feuchtigkeit polwärts befördern. Diese Wellen entwickeln sich zu Stürmen oder Tiefdruckgebieten, die mit windigem Wetter und Regenfronten in Verbindung gebracht werden. Hochdruckgebiete (Antizyklonen) bringen dagegen meist trockenes Wetter, das im Winter mit einem Kälteeinbruch und im Sommer mit einer Hitzewelle verbunden sein kann. Tief- und Hochdruckgebiete konzentrieren sich auf Sturmbahnen: auf der Nordhalbkugel zwei separate im Pazifik und im Atlantik, auf der Südhalbkugel führt die Sturmbahn rund um den Globus.

VERWANDTE THEMEN
LUFTMASSEN & FRONTEN
Seite 24

SONNENSTRAHLUNG
Seite 34

WOLKEN & STÜRME
Seite 54

3-SEKUNDEN-BIOGRAFIE
GEORGE HADLEY
1685–1768
Englischer Physiker und Meteorologe, der die Passatwinde und das damit verbundene Nord-Süd-Verteilungsmuster in eine Theorie fasste; dieses Muster wird heute als Hadley-Zelle bezeichnet

30-SEKUNDEN-TEXT
Mat Collins

Die Erwärmung am Äquator und die Abkühlung an den Polen treibt die atmosphärische Zirkulation an.

DIE OZEANISCHE ZIRKULATION

30 Sekunden Klima

3-SEKUNDEN-EREIGNIS
Die ozeanische Zirkulation ist von grundlegender Bedeutung für das Klima, da sie riesige Wärmemengen befördert, Wärme und CO_2 speichert sowie saisonale und regionale Witterungsverhältnisse moderiert.

3-MINUTEN-ZYKLUS
Die durch das globale Förderband im Nordatlantik von niedrigeren zu höheren Breitengraden beförderte Wärme entspricht in etwa der Energie, die eine Million 1000-Megawatt-Kraftwerke produzieren, und resultiert in einem deutlich wärmeren regionalen Klima in Nordeuropa. Diese Zirkulation verlangsamte sich anscheinend während der Eiszeiten oder kam ganz zum Erliegen. Dies ist eine der Ursachen für den Zyklus der Warm- und Eiszeiten.

Eine horizontale Oberflächen- und eine vertikale Umwälzzirkulation verteilen Wärme, Nährstoffe, Frischwasser und gelöste Chemikalien durch die Ozeane der Welt um. Der Wind treibt die Oberflächenzirkulation an, zu der die starken äquatorialen, die antarktischen Zirkumpolarströmungen sowie die ozeanischen Großwirbel wie der Golfstrom im Atlantik und die Kuroshio im Pazifik gehören. Die globale Umwälzzirkulation oder das globale Förderband wird zur Hauptsache durch Veränderungen der Meerwasserdichte angetrieben. Diese gehen auf räumliche Variationen von Temperatur und Salzgehalt zurück, deren Ursachen in der Erwärmung und Abkühlung sowie der Frischwasserverdampfung und in Niederschlägen zu suchen sind. Kaltes und/oder salzhaltiges (dichteres) Wasser sinkt in der Nähe der Pole ab und befördert Sauerstoff sowie CO_2 in die Tiefen des Meeres. So wird es belüftet, und Meereslebewesen können bis in eine Tiefe von mehr als vier Kilometern existieren. Das dichte Wasser vermischt sich und steigt in niedrigeren Breiten wieder auf, sodass sich der Kreislauf schließt. Dieses Absinken von CO_2-reichem Wasser trägt wesentlich zur Bildung einer CO_2-Senke und damit zur Abmilderung des vom Menschen verursachten Klimawandels bei. Ein stärkerer, flacherer Aufstieg von nährstoffreichem Tiefwasser, der vom Wind angetrieben wird, tritt an den Westküsten der Kontinente auf und fördert dort die biologische Produktion in großem Umfang, was der Meeresfischerei zugutekommt.

VERWANDTE THEMEN
KLIMAMUSTER
Seite 26

WÄRMESTRAHLUNG &
TREIBHAUSEFFEKT
Seite 38

DER WASSERKREISLAUF
Seite 50

3-SEKUNDEN-BIOGRAFIEN
MATTHEW FONTAINE MAURY
1806–1873
Amerikanischer Ozeanograf, der *The Physical Geography of the Sea* (1855) verfasste

HENRY STOMMEL
1920–1992
US-Experte für physikalische Ozeanografie, der die Zirkulationsmuster der Ozeane studierte.

WALLACE SMITH BROECKER
1931–2019
Amerikanischer Ozeanograf, der 1974 erstmals die Zirkulation des globalen Förderbands (1974) und dessen Rolle für die Eiszeiten beschrieb

30-SEKUNDEN-TEXT
John Shepherd

Für die Zirkulation der Ozeane sind Wind, Temperatur und Salzgehalt verantwortlich.

KLIMAZONEN

30 Sekunden Klima

3-SEKUNDEN-EREIGNIS
Zahlreiche natürliche Faktoren prägen das Erdklima. Ihre Auswirkungen ermöglichen die Unterscheidung etlicher Klimazonen mit charakteristischen Eigenschaften von den schwülheißen Tropen bis zu den eisigen Polen.

3-MINUTEN-ZYKLUS
Die Menschen machen sich das Wissen um die unterschiedlichen Klimate unter anderem zunutze, um Gebiete für den Anbau bestimmter Kulturen oder die Haltung von Nutztieren zu identifizieren – oder auch für die Wahl ihres Urlaubsorts. Die Auswirkungen des Menschen auf das Klima sind nicht zu übersehen und treten an den Polen am deutlichsten in Erscheinung. Städte haben ein ausgeprägtes Stadtklima.

Das Klima, insbesondere Tempe-ratur und Niederschlagsmenge, variieren auf der Erde von Region zu Region stark. Ob es an einem Ort eher heiß oder kalt, nass oder trocken ist, hängt von einer ganzen Reihe von Variablen ab: Breitengrad (Entfernung vom Äquator), Höhe (Relief oder Topografie), Kontinentalität (Entfernung zu einem Ozean), vorherrschende Windrichtung, Meeresströmungen und Oberflächentemperatur des Meeres. In erster Linie nach den jährlichen Durchschnittswerten von Temperatur und Niederschlägen unterscheiden Köppen/Geiger die fünf Klimazonen A–E: A=Regenklimate der Tropen, B=Trockenklimate, C=warmgemäßigte Regenklimate, D=Boreale oder Schneewaldklimate sowie E=Eis- oder Schneeklimate. Diese werden nach saisonalen Schwankungen (Sommer/Winter) weiter in Subtypen unterteilt. Die am weitesten verbreiteten Klimate sind die Trocken- und boreale Klimate, die zusammen etwas mehr als die Hälfte der kontinentalen Fläche ausmachen, in denen aber nur 27 Prozent der Menschen leben. Tropische Klimate herrschen auf 19 Prozent der Erdoberfläche mit 28 Prozent der Weltbevölkerung vor. Das warmgemäßigte Klima ist zwar mit 13 Prozent die kleinste dieser Zonen, doch wohnen dort 45 Prozent der Weltbevölkerung. Auf den Weltmeeren findet man die gleichen Klimatypen, doch das Meer lässt die Temperaturen viel milder ausfallen und der Wind ist ein viel prägenderes Merkmal.

VERWANDTE THEMEN
DIE ATMOSPHÄRISCHE
ZIRKULATION
Seite 16

WASSERDAMPF & FEUCHTIGKEIT
Seite 52

NIEDERSCHLÄGE
Seite 56

STADTKLIMATE
Seite 78

3-SEKUNDEN-BIOGRAFIE
WLADIMIR KÖPPEN
1846–1940
Russisch-deutscher Meteorologe, der 1884 eine Klimaklassifikation entwickelte, die noch heute mit Modifikationen am häufigsten verwendet wird; die neueste Weltkarte nach dieser Einteilung wurde 2007 veröffentlicht (siehe Seiten 9 und 22)

30-SEKUNDEN-TEXT
Brian Finlayson

In frühen Klimaklassifikationen wurden die Klimate nach der natürlichen Vegetation unterteilt.

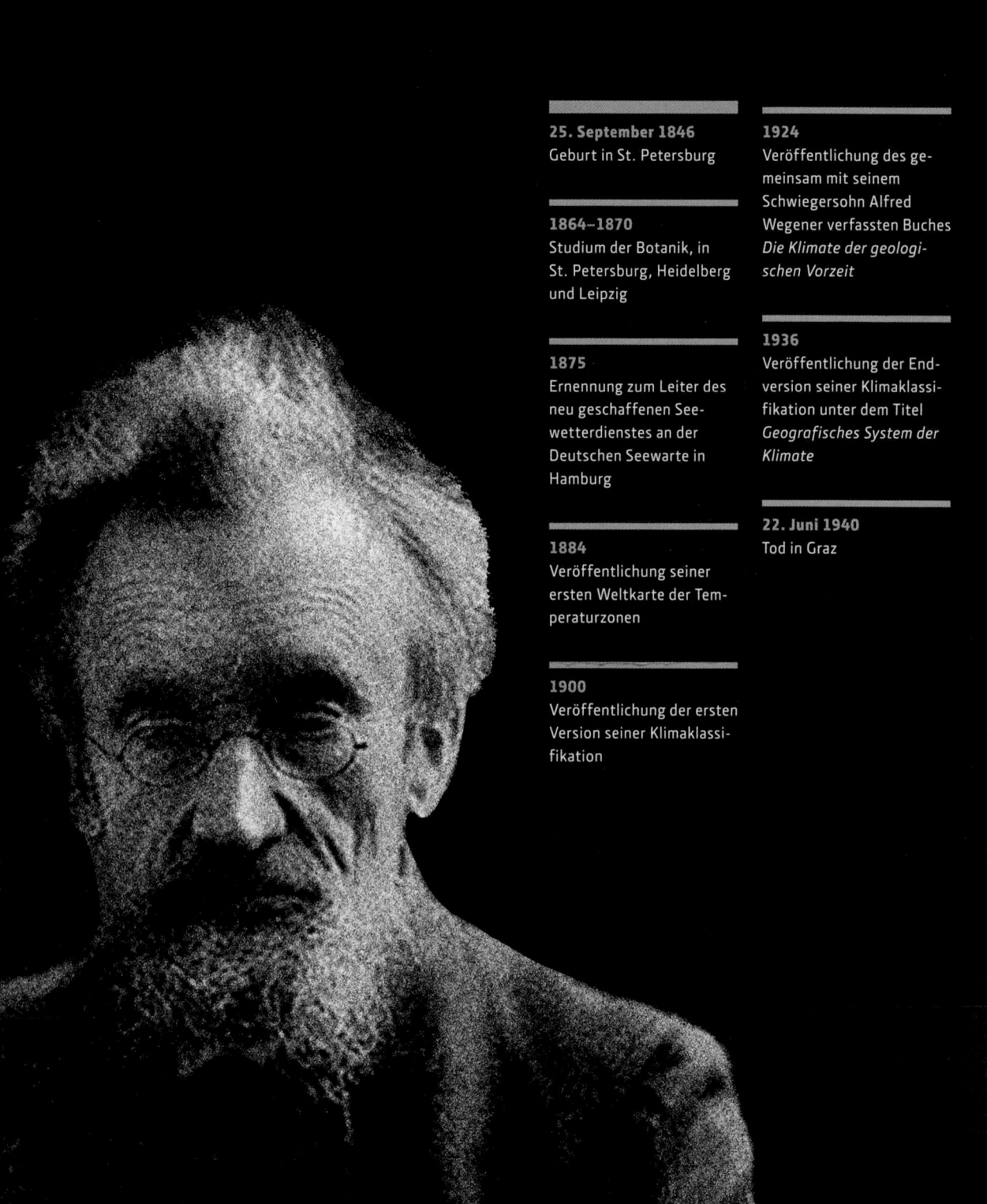

25. September 1846
Geburt in St. Petersburg

1864–1870
Studium der Botanik, in
St. Petersburg, Heidelberg
und Leipzig

1875
Ernennung zum Leiter des
neu geschaffenen See-
wetterdienstes an der
Deutschen Seewarte in
Hamburg

1884
Veröffentlichung seiner
ersten Weltkarte der Tem-
peraturzonen

1900
Veröffentlichung der ersten
Version seiner Klimaklassi-
fikation

1924
Veröffentlichung des ge-
meinsam mit seinem
Schwiegersohn Alfred
Wegener verfassten Buches
*Die Klimate der geologi-
schen Vorzeit*

1936
Veröffentlichung der End-
version seiner Klimaklassi-
fikation unter dem Titel
*Geografisches System der
Klimate*

22. Juni 1940
Tod in Graz

WLADIMIR KÖPPEN

Der russisch-deutsche Wissen-
schaftler Wladimir Köppen studierte Wettersysteme und die Atmosphäre, um die globalen
Klimamuster zu verstehen. Zudem verknüpfte
er diese Muster mit der Vegetation, die in verschiedenen Regionen zu finden ist. Er stellte die
Klimaregionen der Erde als Erster in Form von
Karten dar, die als Grundlage für moderne Klima-
klassifizierungen dienten.

Köppen wuchs auf der Krim auf und war fasziniert von der in den Bergen und an der Küste der
Halbinsel sehr unterschiedlichen Pflanzenwelt.
Deshalb studierte er in St. Petersburg, Heidel-
berg und Leipzig Botanik, wo er 1870 mit einer
Arbeit zur Pflanzenphysiologie promovierte. Nach
seinem Dienst im Sanitätskorps während des
Deutsch-Französischen Krieges kehrte Köppen
nach St. Petersburg zurück und arbeitete dort
beim Russischen Meteorologischen Dienst. Drei
Jahre später wurde ihm die Leitung des neu geschaffenen Seewetterdienstes an der Deutschen
Seewarte in Hamburg übertragen. Hier erstellte
Köppen eine Karte, mit der er die Erde auf der
Grundlage saisonaler Temperaturschwankungen
in »Temperaturgürtel« einteilte, und veröffentlichte sie 1884.

Köppen ging bei seiner Erforschung des Klimas
systematisch vor und sammelte mit Luftballons
Daten aus den oberen Schichten der Atmosphäre,
die sein Verständnis des Weltklimas zunehmend
verbesserten. 1900 veröffentlichte er, aufbauend
auf seiner ursprünglichen Temperaturkarte,
die erste globale Klimaklassifikation, in der er
die Regionen der Welt einem von fünf Haupt-
klimaten zuordnete. Seine Klimazonen beruhten
auf Niederschlägen, Temperatur und saisonalen
Schwankungen, die im Zusammenwirken über die
wichtigsten Vegetationstypen entscheiden.

Er war ein produktiver Wissenschaftler und verfasste zwischen 1868 und 1939 über 500 wissenschaftliche Publikationen. Köppen zog sich 1919
aus dem Seewetterdienst zurück und zog nach
Graz, wo er zusammen mit dem Klimatologen
Rudolf Geiger das fünfbändige Handbuch der
Klimatologie verfasste, das zum Zeitpunkt seines
Todes im Jahre 1940 noch nicht fertiggestellt
war. Köppen verfeinerte seine Klimaklassifikation
immer weiter, sodass modifizierte Versionen auch
heute noch bei Klimaforschern weitverbreitet sind.

Claire Asher

LUFTMASSEN & FRONTEN

30 Sekunden Klima

3-SEKUNDEN-EREIGNIS
Als Fronten bezeichnet man scharfe Grenzen zwischen Warm- und Kaltluftmassen, die meist auftreten, wenn sich in den mittleren Breitengraden Stürme bilden und Niederschläge bringen.

3-MINUTEN-ZYKLUS
Fronten spielen eine wichtige Rolle im Klimasystem, denn sie bringen warme und kalte Luftmassen in genügend große Nähe zueinander, damit diese sich vermischen. Da den Tropen pausenlos Sonnenenergie zugeführt wird, muss die Atmosphäre, um das Gleichgewicht aufrechtzuerhalten, Wärme polwärts verteilen. Stürme wirken wie riesige Löffel, die ein Aquarium voller Tequila Sunrise aufwühlen, sodass an der Schnittstelle, wo die rote und die orange Farbe des Cocktails ineinander übergehen, Fronten entstehen.

Um zu verstehen, was passiert,
wenn verschiedenartige Luftmassen aufeinandertreffen, kann man sie in Form eines Tequila Sunrise sichtbar machen. Bei diesem zweifarbigen Cocktail wird Alkohol mit zerstoßenem Eis und Orangensaft vermischt und langsam Grenadinesirup hinzugegeben. Der rubinrote Sirup sinkt aufgrund seiner größeren Dichte ab, der Cocktail wechselt die Farbe und ist schließlich unten rot und oben orange. Stellen wir uns jetzt einmal vor, wir füllen ein Aquarium mit den Zutaten dieses Cocktails. Wenn wir die Grenadine an einem Ende hineingießen, sinkt sie ab und breitet sich am Boden zum anderen Ende hin aus. Schon bald sehen wir in der Mitte, wo die dichtere mit der leichteren Flüssigkeit zusammenstößt, ein buntes Schlachtfeld. Dieselbe Schlacht wird auch in der Atmosphäre geschlagen, wenn kalte (dichte) Polarluft auf warme (leichtere) tropische Luft trifft. Ort des Geschehens sind die mittleren Breitengrade, in denen plötzliche Wetterwechsel auftreten, wenn warme und kalte Luftmassen Territorialkämpfe austragen. Die Grenzen zwischen den einander gegenüberstehenden Luftmassen sind oft scharf und werden deshalb als »Fronten« bezeichnet. Meist bilden sie sich bei Stürmen, die warme und kalte Luftmasse vermischen. Typischerweise passiert zuerst eine warme Front mit der warmen Luft dahinter, gefolgt von einer Kaltfront. Steigt warme, feuchte Luft über die kältere Luft auf, kann es zu Platzregen oder Schnee kommen.

VERWANDTE THEMEN
DIE ATMOSPHÄRISCHE ZIRKULATION
Seite 16

WOLKEN & STÜRME
Seite 54

KLIMAMODELLE
Seite 94

3-SEKUNDEN-BIOGRAFIEN
JACOB BJERKNES
1897–1975
Norwegisch-amerikanischer Meteorologe, der maßgeblich an der Entdeckung von Fronten und deren Benennung nach den Schlachtlinien des Ersten Weltkriegs beteiligt war

DAVE FULTZ
1921–2002
US-Meteorologe und einer der ersten Forscher, die Stürme und Fronten im Labor simulierten, indem sie in Aquarien warme und kalte Flüssigkeiten mischten

30-SEKUNDEN-TEXT
Tim Woollings

Unsichtbare, in ständiger Bewegung befindliche Luftmassen mit unterschiedlicher Feuchtigkeit und Temperatur bestimmen das Wetter.

KLIMAMUSTER

30 Sekunden Klima

3-SEKUNDEN-EREIGNIS
Das regionale Klima steht
unter dem starken Einfluss
großräumiger Muster, die
Veränderungen der Mee-
resströmungen sowie die
Winde widerspiegeln, die
warme und kalte Luft-
massen bewegen und
Stürme von einer Region
zur anderen befördern.

3-MINUTEN-ZYKLUS
Einige Muster werden
durch externe Faktoren
verursacht. So nimmt man
an, dass sich die Westwind-
zone im Südlichen Ozean
in den letzten Jahrzehnten
des 20. Jahrhunderts als
Folge des Ozonverlusts
über der Antarktis polwärts
verschoben hat. Dieses
Muster ist als Antarktische
Oszillation bekannt. Die
Frage, wie Klimamuster auf
weitere menschengemach-
te Einflüsse reagieren werden, zählt zu den größten
Unsicherheiten bei der
Vorhersage des regionalen
Klimawandels.

Schon im 18. Jahrhundert wuss-
ten europäische Reisende, dass die Temperaturen
in Grönland in einem strengem Winter in Skandi-
navien (relativ) mild waren. Dieses Phänomen ist
heute als Nordatlantische Oszillation (NAO) bekannt und ein Beispiel für ein komplexes Netz von
großräumigen Wetterquerverbindungen auf der
ganzen Welt. So fallen die Winter im US-Bundes-
staat Washington meist trocken aus, wenn sie
südlich davon in Kalifornien feucht sind. Und wenn
im nordaustralischen Darwin schönes Hochdruck-
wetter herrscht, dürfte es auf Tahiti nicht sehr
gemütlich sein. Diese Verbindung im tropischen
Pazifik wird als Südliche Oszillation bezeichnet und
gehört zusammen mit El Niño als wichtiger Bestandteil zu einem komplex gekoppelten Zirkulationssystem von Ozean und Erdatmosphäre. Dabei
wird der Ozean außergewöhnlich stark erwärmt
und die Passatwinde darüber flauen ab. Dieses
Klimaphänomen hat Auswirkungen in zahlreichen
Regionen weltweit. Einige Muster wie die Verschie-
bung von Jetstreams, wie sie der NAO zugrunde
liegen, sind hauptsächlich atmosphärischer Natur
und äußerst schwer vorherzusagen. Als einfacher
zu handhabendes Phänomen gilt beispielsweise die
langsame Erwärmung und Abkühlung des Atlantiks
von Jahrzehnt zu Jahrzehnt, die sich auf die Zahl
der Hurrikans, den Sommer in Europa und die
Dürre in der Sahelzone am Übergang zwischen der
Wüste Sahara und der Savanne auswirkt.

VERWANDTE THEMEN
LUFTMASSEN & FRONTEN
Seite 24

KLIMAMODELLE
Seite 94

KLIMAFAKTOREN
& STRAHLUNGSANTRIEB
Seite 116

EXTREMEREIGNISSE
Seite 120

3-SEKUNDEN-BIOGRAFIEN
SIR GILBERT WALKER
1868–1958
Englischer Physiker, der Klimamuster auf der ganzen Welt entdeckte – vom Nordatlantik bis zum
Südlichen Ozean

JOHN MICHAEL WALLACE
geb. 1940
Amerikanischer Atmosphärenfor-
scher, der die Querverbindungen
im weltweiten Wetternetz identifi-
zierte und damit Pionierarbeit bei
der Erforschung der Telekonnek-
tivität leistete

30-SEKUNDEN-TEXT
Tim Woollings

*Eine Klimaschaukel bringt
San Francisco Sturm und
Seattle Sonnenschein.*

ERWÄRMUNG & ABKÜHLUNG

Albedo Ein Maß für das Rückstrahlvermögen von Oberflächen, das heißt wie viel von der Sonneneinstrahlung reflektiert wird; Skala von 0 bis 1. Bei Planeten bezieht es sich auf die durchschnittliche Albedo ihrer oberen Atmosphäre. Im Falle der Erde liegt sie zwischen 0,3 und 0,35 und hängt stark von der Wolkendecke ab.

Energiegleichgewicht Gleichgewicht zwischen der wärmenden Wirkung der Sonnenenergie und der kühlenden Wirkung der Rückstrahlung ins All. Eine Störung durch eine Veränderung der einfallenden Sonnenenergie oder der in den Weltraum abgestrahlten Wärme führt mitunter zu einer höheren bzw. tieferen Durchschnittstemperatur auf dem betreffenden Planeten.

Energiehaushalt (Energiebilanz) Bilanz der gesamten in die Atmosphäre eintretenden Sonnenenergie, der von den Kontinenten und Ozeanen absorbierten Energie, der reflektierten, abgestrahlten und wieder in den Weltraum emittierten Energie sowie der durch Kondensation/Verdunstung/Gefrieren/Schmelzen und Reibung übertragenen Energie. Da der Energiehaushalt stets ausgeglichen sein muss, ändert sich das Klima eines Planeten, um Ungleichgewichte zu beseitigen. *Siehe* Strahlungshaushalt.

Sonnenflecken Kern und Äquator der Sonne rotieren schneller als der Rest. Die daraus resultierenden Verzerrungen im Magnetfeld der Sonne können Sonnenflecken verursachen – zeitweilige Flecken auf der Sonnenoberfläche mit niedrigerer Temperatur, die normalerweise paarweise mit entgegengesetzter magnetischer Polarität auftreten. Ihr Durchmesser beträgt 16–160 000 Kilometer. Sie dehnen sich aus und ziehen sich zusammen, während sie über die Sonnenoberfläche wandern, und sind manchmal mit bloßem Auge sichtbar. Sonnenflecken sind im Sonnenmaximum am häufigsten und entsprechend im Sonnenminimum am seltensten. Die beiden treten in einem elfjährigen Zyklus auf.

Solarkonstante Gesamtmenge der elektromagnetischen Sonneneinstrahlung, die auf die Erde trifft, gemessen als Leistung pro Flächeneinheit. Für die Gesamtstrahlung der Sonne wurde mithilfe von Satellitenmessungen ein Durchschnittswert von 1367 W/m² ermittelt, der im Laufe eines Sonnenfleckenzyklus (*siehe* dort) um etwa 0,1 Prozent hin und her schwankt.

Sonnenfleckenzyklus (elf Jahre) Die Sonnenaktivität schwankt in einem Elfjahreszyklus vom Sonnenminimum mit sehr wenigen Sonnenflecken und -eruptionen bis zum Sonnenmaximum mit der größten Aktivität.

Strahlungshaushalt Bilanz der in die Atmosphäre eintretenden Sonnenenergie, der von atmosphärischen Gasen, Wolken, Kontinenten und Ozeanen zerstreuten und absorbierten Anteile, der von den genannten Klimasubsystemen emittierten und absorbierten Infrarotstrahlung sowie schließlich der in den Weltraum abgegebenen Strahlung. Bei einem unausgeglichenen Strahlungshaushalt steigt oder sinkt die Temperatur der Atmosphäre so lange, bis das Gleichgewicht wiederhergestellt ist. *Siehe* Energiegleichgewicht; Energiehaushalt.

Stratosphäre Die Atmosphärenschicht über der Troposphäre, die sich von der Tropopause in etwa 15 Kilometern bis zur Stratopause in etwa 50 Kilometern Höhe erstreckt. Ihre Bildung ist das Ergebnis der Absorption der ultravioletten Sonnenstrahlung durch Ozon und molekularen Sauerstoff. Die Temperatur steigt in der Stratosphäre mit zunehmender Höhe an, sodass sie eine sehr stabile Region ist.

Troposphäre Die unterste Schicht der Erdatmosphäre, in der die meisten Wetteraktivitäten stattfinden. Die Troposphäre ist der dichteste Teil der Atmosphäre und enthält mindestens 75 Prozent der Luftmasse und 99 Prozent des Wasserdampfs sowie der Aerosole. Sie erstreckt sich in den Tropen bis in eine Höhe von etwa 18 Kilometern über der Erdoberfläche, in den Polarregionen dagegen nur bis in acht Kilometer Höhe. Die Temperatur nimmt in der Troposphäre mit zunehmender Höhe ab. Der Übergang zwischen der Troposphäre und der darüber liegenden warmen und stabilen Stratosphäre wird als Tropopause bezeichnet.

DER STRAHLUNGS-HAUSHALT DER ERDE

30 Sekunden Klima

3-SEKUNDEN-EREIGNIS
Die Erde absorbiert die von der Sonne kommende Energie und strahlt fast die gleiche Menge Infrarotenergie in den Weltraum zurück, damit das Energiegleichgewicht erhalten bleibt.

3-MINUTEN-ZYKLUS
Die einfallende Sonnenenergie entspricht nicht exakt der von der Erde ausgestrahlten Infrarotenergie. Zum Beispiel wirken sich jährliche Schwankungen der Bewölkung auf dieses Gleichgewicht aus. Längerfristige Ungleichgewichte verursachen dagegen einen Klimawandel. So vermindern erhöhte Treibhausgaskonzentrationen die Emission von Infrarotenergie in den Weltraum, während ihr Einfluss auf die absorbierte Sonnenenergie gering ist, und stören so das Energiegleichgewicht. Um das entstandene Ungleichgewicht zu verringern, erwärmt sich die Erde.

Zum Ausgleich für die einfallende Sonnenenergie wird eine nahezu identische Menge an Infrarotenergie von der Erdoberfläche und der Erdatmosphäre zurück in den Weltraum abgestrahlt. Zwar wurde dieses Gleichgewicht schon lange zuvor angenommen, doch der Nachweis gelang erst in den Siebzigerjahren, als Messungen mit Satelliteninstrumenten detaillierte Daten lieferten. Etwa 20 Prozent der einfallenden Sonnenenergie werden von der Atmosphäre, weitere 50 Prozent von der Erdoberfläche absorbiert, und die restlichen 30 Prozent werden von Wolken, atmosphärischen Gasen und der Erdoberfläche in den Weltraum zurückgeworfen. Diese 30-prozentige, als Albedo bezeichnete Reflexionsstrahlung ist ein wichtiges Merkmal des Klimasystems der Erde. Der größte Teil der Infrarotenergie wird von Wolken und Gasen, insbesondere von Wasserdampf und CO_2 in den Weltraum freigesetzt. Direkt von der Erdoberfläche stammen dagegen nach Berechnungen weniger als 10 Prozent der in den Weltraum freigesetzten Infrarotenergie. In niedrigen Breiten trifft mehr Sonnenenergie ein, als in den Raum abgegeben wird, wogegen in hohen Breitengraden die Energiebilanz negativ ausfällt. Die Gesamtenergiebilanz für die Erde bleibt im Gleichgewicht, denn Winde und Meeresströmungen befördern Energie von niedrigen in hohe Breiten.

VERWANDTE THEMEN
SONNENSTRAHLUNG
Seite 34

WÄRMESTRAHLUNG & TREIBHAUSEFFEKT
Seite 38

GLOBALE ERWÄRMUNG
Seite 112

3-SEKUNDEN-BIOGRAFIEN
WILLIAM HENRY DINES
1855–1927
Britischer Meteorologe, der als einer der ersten Forscher Berechnungen zum Energiehaushalt der Erde anstellte

VERNER SUOMI
1915–1995
Amerikanischer Meteorologe und Erfinder, der Satelliteninstrumente zur Beobachtung des Strahlungshaushalts entwickelte

EHRHARD RASCHKE
geb. 1936
Deutscher Naturwissenschaftler und Pionier der Analyse von Satelliten-Strahlungsmessungen

30-SEKUNDEN-TEXT
Keith Shine

Atmosphärengase und Bewölkung sind entscheidend für den Strahlungshaushalt der Erde.

SONNENSTRAHLUNG
30 Sekunden Klima

3-SEKUNDEN-EREIGNIS
Die Absorption der Sonnenenergie durch die Erdatmosphäre und -oberfläche dient als Energiequelle für alle meteorologischen Erscheinungen.

3-MINUTEN-ZYKLUS
Der elfjährige Sonnenfleckenzyklus ist seit Langem bekannt, aber erst seit dem Einsatz von Satelliten können wir seine Auswirkungen auf die Sonnenbestrahlungsstärke begreifen. Aufgrund ihrer dunklen Farbe würde man bei mehr Flecken eine geringere Bestrahlungsstärke erwarten. Das Gegenteil ist jedoch der Fall, denn weniger gut sichtbare hellere Bereiche kompensieren die Verdunkelung durch die Sonnenflecken. Der Elfjahreszyklus ist nicht ganz regelmäßig: Seine genaue Länge und die Anzahl der Sonnenflecken schwanken von Zyklus zu Zyklus.

Die Energie der Sonne sorgt für mehr Wärme auf der Erde und liefert die Energie für die Wetterphänomene, die unser Klima bestimmen. Die Sonnenstrahlung besteht nur zu rund 35 Prozent aus Wellenlängen, die wir mit unseren Augen sehen können; etwa 15 Prozent liegen im ultravioletten und ungefähr die Hälfte im infraroten Bereich. Die UV- und Infrarotstrahlung wird zum Großteil von Gasen in der Erdatmosphäre gestreut oder absorbiert. Die sichtbare Strahlung ist dagegen von diesen Prozessen in viel geringerem Ausmaß betroffen, sodass sie zu einem beträchtlichen Teil den Erdboden erreicht. Das erklärt vermutlich, warum unsere Augen gerade diese Wellenlängen wahrnehmen. Die Gesamtmenge der Sonnenenergie, die auf die Erde gelangt, ist eine grundlegende Größe der Klimaforschung und wird als Solarkonstante bezeichnet. Im Englischen wird in jüngerer Zeit der Terminus *Total Solar Irradiance* (TSI, gesamte Sonnenbestrahlungsstärke) bevorzugt, da ihr Wert nicht völlig konstant ist. Satellitenmessungen seit den späten Siebzigerjahren haben ergeben, dass sich die Solarkonstante in Elfjahreszyklen verändert – wenn auch in sehr geringem Maß, typischerweise weniger als 0,1 Prozent von ihrem Maximum zum Minimum. Größere Schwankungen im Verlauf des vergangenen Jahrhunderts sind möglich, aber aufgrund fehlender direkter Beobachtungen nicht nachweisbar.

VERWANDTE THEMEN
DER STRAHLUNGSHAUSHALT DER ERDE
Seite 32

WÄRMESTRAHLUNG & TREIBHAUSEFFEKT
Seite 38

KLIMAEINFLÜSSE DER SONNE
Seite 108

3-SEKUNDEN-BIOGRAFIEN
SAMUEL HEINRICH SCHWABE
1789–1875
Deutscher Forscher, der den Sonnenfleckenzyklus entdeckte

CHARLES GREELEY ABBOT
1872–1973
US-Astrophysiker und Pionier der bodengestützten Messungen zur Ermittlung der Solarkonstante

JOHN HICKEY
1936–2016
US-Forscher und Pionier der satellitengestützten Messungen zur Ermittlung der Solarkonstante

30-SEKUNDEN-TEXT
Keith Shine

Die Sonnenstrahlung hängt von Breite, Jahres- und Tageszeit, Wolkendecke sowie Seehöhe ab.

2. August 1820
Geburt in Leighlinbridge,
County Carlow, Irland

1839
Zeichner bei der irischen
Regierungsbehörde *Ord-
nance Survey*

1847
Mathematiklehrer am
Queenwood College in
Hampshire, England

1848
Studium bei Robert Bunsen
an der Universität Marburg

1850
Vortrag über Diamagnetis-
mus bei einem Treffen der
British Association in Edin-
burgh

1852
Ernennung zum Mitglied
der *Royal Society*

1853
Professor für Naturphiloso-
phie (Physik) an der Royal
Institution of Great Britain
in London

1859
Korrespondierendes Mit-
glied der Göttinger Akademie der Wissenschaften

1864
Rumford-Medaille für seine
Arbeiten zur Absorption
und Abstrahlung von
Wärme durch Gase

1868
Entdeckung des nach ihm
benannten Tyndall-Effekts
der Lichtstreuung

4. Dezember 1893
Tod in Haslemere, Hamp-
shire, England

JOHN TYNDALL

Der irische Physiker, Mathema-
tiker und Bergsteiger John Tyndall fand heraus,
warum der Himmel blau ist, und lieferte den
ersten Beweis für den Treibhauseffekt in der Erdatmosphäre. Seine wegweisenden Experimente
zur Wirkung von Wärmestrahlung auf die Luft
belegten den grundlegenden Einfluss der Atmosphäre auf das Erdklima. Damit ebnete er der
Klimaforschung den Weg.

Der 1820 im irischen Leighlinbridge geborene
Tyndall machte eine Ausbildung zum technischen
Zeichner und Landvermesser und arbeitete als
Zeichner, Eisenbahnvermesser und Lehrer, bevor
er nach Deutschland zog, wo er an der Univer-
sität Marburg in Physik promovierte. Er begann
sich für den erst kurz zuvor im Jahre 1845 von
Michael Faraday entdeckten Diamagnetismus, das
schwache, von Materialien wie Kristallen erzeugte
Magnetfeld, zu interessieren.

Nach seiner Promotion in nur zwei Jahren
zog Tyndall nach London und wandte sich der
Erforschung von Gasen zu. Um für seine Experimente reine Gasproben herzustellen, schloss
er die Gase in einer innen mit Glyzerin beschich-
teten Holzkiste ein. Das klebrige Glyzerin fing die
im Gas enthaltenen Staubpartikel und Mikroben
auf. Wenn er nun ein intensives Licht auf das Gas
richtete, wurden die winzigen Schwebeteilchen
sichtbar, die das auftreffende Licht streuten.
Diese heute als Tyndall-Effekt bezeichnete Erscheinung erklärt auch, warum der Himmel blau
ist: Moleküle in der Luft streuen, wenn Licht auf-
trifft, die blaue Wellenlänge besser als andere
Spektralfarben, sodass der Himmel für uns blau
erscheint.

Tyndalls größte Durchbrüche in der Klimaforschung folgten in den 1860er-Jahren. Mit einer
eigens entwickelten Versuchsanordnung, die eine
Reihe von Thermoelementen zur Umwandlung
von Wärmeenergie in elektrische Energie be-
inhaltete, maß er die Fähigkeit verschiedener
Gase, Strahlungswärme (Infrarotstrahlung) zu
absorbieren, und stellte dabei fest, dass Gase wie
CO_2 und Ozon dies in hohem Maße taten, andere
wie Stickstoff und Sauerstoff dagegen nur in sehr
geringem.

Da sich bei Tyndalls Experimenten heraus-
stellte, dass Wasserdampf die höchste Wärme-
aufnahmekapazität aufweist, wurde dieser zum
wichtigsten Gas für die Bestimmung der Lufttemperatur in der Atmosphäre. Tyndall hatte
damit den ersten experimentellen Beweis für
eine wissenschaftliche These erbracht, die schon
länger kursierte: Die Erdatmosphäre hält Sonnenenergie fest, die eigentlich in den Weltraum
entweichen würde, und erzeugt einen Treibhauseffekt.

Tyndalls Forschungen fanden auch außerhalb
der Atmosphärenforschung Verwendung. So
entwickelte er selbst ein Gerät, das mit Infrarotstrahlung die CO_2-Menge misst, die ein einzelner
Mensch bei einem Atemzug ausatmet. Dieses
Prinzip wird heute von Anästhesisten zur Überwachung bewusstloser Patienten verwendet.

Claire Asher

WÄRMESTRAHLUNG & TREIBHAUSEFFEKT

30 Sekunden Klima

Bei Temperaturen über dem

absoluten Nullpunkt (0 K, –273,15 °C) geben sämtliche Objekte Wärmeenergie ab. Deren Menge nimmt mit steigender Temperatur rapide zu und ihre Wellenlänge ändert sich. Über ca. 1000K (727 °C) können wir die emittierten Wellen sehen. Bei typischen Oberflächen- und Umgebungstemperaturen werden dagegen für das menschliche Auge unsichtbare Infrarotwellen abgestrahlt. Die Erdoberfläche und atmosphärische Gase emittieren und absorbieren Infrarotstrahlung. Gase absorbieren Strahlung im Bereich des einfallenden Sonnenlichts weniger stark, sodass etwa die Hälfte des Sonnenlichts durch die Atmosphäre dringt und die Oberfläche erwärmt. Aber von der Infrarot-Emission, die die Oberfläche abstrahlt, werfen atmosphärische Gase und Wolken 85 Prozent zurück, sodass die Temperatur noch mehr steigt. Dieser natürliche Treibhauseffekt, der die Erde um einige Dutzend Grad erwärmt, wird vor allem durch die »Treibhausgase« Wasserdampf und CO_2 verursacht. Die Bezeichnung »Treibhausgase« rührt daher, dass die Glashülle eines Gewächshauses wie die Gase der Atmosphäre für Strahlung im sichtbaren Bereich durchlässig ist, jedoch Infrarotstrahlung absorbiert. Der natürliche Treibhauseffekt wird durch menschliche Aktivitäten – vor allem die Verbrennung fossiler Brennstoffe, Entwaldung und Landwirtschaft – noch erheblich verstärkt, was im Endeffekt zur globalen Erwärmung führt.

3-SEKUNDEN-EREIGNIS
Einige atmosphärische Gase absorbieren und emittieren Infrarotstrahlung. Sie halten die Erde warm und erzeugen einen natürlichen Treibhauseffekt, den menschliche Aktivitäten noch verstärken können.

3-MINUTEN-ZYKLUS
Im Gegensatz zur Abstrahlung von der Erdoberfläche, die je nach Wellenlänge ein wenig variiert, ist die Infrarot-Emission und -absorption durch Gase selektiver. Sie erfolgt in engen Wellenlängenbereichen, über die Vibration und Rotation der jeweiligen Moleküle entscheiden – jedoch nur bei bestimmten Energiezuständen. Emission oder Absorption tritt auf, wenn sich die Rotationsenergie und/oder die Schwingungsenergie ändert. Wasserdampf ist ein wirksamer Absorber, während die Hauptbestandteile der Atmosphäre – Stickstoff und Sauerstoff – es nicht sind.

VERWANDTE THEMEN
SONNENSTRAHLUNG
Seite 34

GLOBALE ERWÄRMUNG
Seite 112

3-SEKUNDEN-BIOGRAFIEN
JOHN TYNDALL
1820–1893
Irischer Physiker, der die Infrarot-Absorption durch atmosphärische Gase als erster maß

MAX PLANCK
1858–1947
Deutscher Physiker, der die Wärmestrahlung erklärte und die Voraussetzungen für die Quantentheorie schuf

VEERABHADRAN RAMANATHAN
geb. 1944
Indischer Atmosphärenphysiker und Pionier der Quantifizierung der Wirkung von Treibhausgasen

30-SEKUNDEN-TEXT
Keith Shine

Der Treibhauseffekt geht in direkter Weise auf natürliche und vom Menschen verursachte Emissionen zurück.

DIE WIRKUNG VON WOLKEN & PARTIKELN

30 Sekunden Klima

3-SEKUNDEN-EREIGNIS
Wolken kühlen die Erde, denn sie reflektieren mehr Sonnenlicht, als sie Infrarotstrahlung absorbieren. Winzige Partikel in der Atmosphäre tragen auch zur Abkühlung der Erde bei.

3-MINUTEN-ZYKLUS
Wolken erschweren die Vorhersagen bezüglich zukünftiger Temperaturänderungen erheblich. Sie reagieren auf vielfältige Weise auf die globale Erwärmung. So ändert sich ihre Menge, Dicke oder Höhe, ebenso der Anteil von flüssigen Stoffen und Eis. Falls sich die kühlende Wirkung der Wolken mit dem zunehmend wärmeren Klima verstärken sollte, wird die Erwärmung weniger stark ausfallen. Falls die Kühlwirkung nachlassen sollte, wird jedoch die Erwärmung stärker ausfallen. Nach derzeitigem Wissensstand dürften Wolkenveränderungen die Erwärmung eher verstärken.

Aus zwei wohlbekannten

Wirkungen können wir den Einfluss der Wolken auf den Energiehaushalt der Erde ablesen. An einem Sommertag herrschen in der Regel kühlere Temperaturen, wenn der Himmel bewölkt ist, denn Wolken reflektieren Sonnenstrahlung zurück in den Weltraum. In einer Winternacht tritt dagegen bei Bewölkung nur selten Frost auf, denn Wolken strahlen Infrarotenergie ab, die die Oberfläche erwärmt, wie auch Treibhausgase. Wolken kühlen somit die Oberfläche ab und erwärmen sie, aber welche Wirkung überwiegt? Lange Zeit stritt man über die Antwort auf diese Frage, doch in den Achtzigerjahren setzten moderne Satellitenbeobachtungen der Debatte ein Ende, mit deren Hilfe sich die Energiebilanz mit und ohne Wolken berechnen ließ. Es stellte sich heraus, dass der Kühleffekt überwiegt: Ohne Wolken wäre es auf unserem Planeten etwa 10–15 °C wärmer. Aber verschiedene Wolkentypen wirken unterschiedlich. Tief gelegene Wolken aus Wassertropfen verursachen in der Summe eine Abkühlung, hoch gelegene Eiswolken dagegen eine Erwärmung. Winzige Partikel in der Atmosphäre, die wie Wüstenstaub aus natürlichen Quellen stammen oder auch menschengemacht sein können (beispielsweise bei der Verbrennung fossiler Treibstoffe und in der Landwirtschaft entstanden), beeinflussen den Energiehaushalt ebenfalls und sorgen für leicht kühlere Temperaturen auf der Erde, als sie eigentlich hier vorherrschen sollten.

VERWANDTE THEMEN
DER STRAHLUNGSHAUSHALT DER ERDE
Seite 32

SONNENSTRAHLUNG
Seite 34

WÄRMESTRAHLUNG & TREIBHAUSEFFEKT
Seite 38

3-SEKUNDEN-BIOGRAFIEN
SIGMUND FRITZ
1914–2015
Mitbegründer der Forschung zur Bedeutung der Wolken für den Energiehaushalt der Erde

ROBERT D. CESS
geb. 1933
Entwickelte die Quantifizierung der Bedeutung von Wolken für den Klimawandel mit

GRAEME STEPHENS
geb. 1952
Australischer Wissenschaftler, der mit seinen Forschungen zum Verständnis der Wolken mithilfe von Satellitendaten beitrug

30-SEKUNDEN-TEXT
Keith Shine

Wolken sowie natürliche und Schadstoffpartikel verändern den globalen Strahlungshaushalt.

ERWÄRMUNG & TEMPERATUREN IN DER ATMOSPHÄRE

30 Sekunden Klima

3-SEKUNDEN-EREIGNIS
Die ungleichmäßige Verteilung von Gasen und einfallendem Sonnenlicht führt zu einer unausgewogenen Verteilung von Wärme und Kälte in der Atmosphäre.

3-MINUTEN-ZYKLUS
Abgesehen von der Strahlungsabsorption erwärmen auch andere Prozesse die Atmosphäre. So werden ihre untersten Schichten durch mechanische Energieübertragung von der Oberfläche erwärmt. In anderen Bereichen wird latente Wärme freigesetzt, wenn Wasserdampf zu Wolkentropfen kondensiert. Diese Wärme trägt wesentlich zur Verhinderung der Sturmbildung bei. Außerdem ändert Luft ihre Temperatur, wenn sie zu vertikaler Bewegung gezwungen ist: Normalerweise kühlt sie sich beim Aufsteigen ab und erwärmt sich beim Absteigen.

Einige Bereiche der Atmosphäre

sind wärmer, andere kühler. Das Temperaturprofil ergibt sich dabei aus der Verteilung der Sonneneinstrahlung, den Gasen, Wolken, Partikeln und Oberflächendetails, die jene absorbieren, sowie der langwelligen Strahlung der Erde. Da die Sonneneinstrahlung in den Tropen die Atmosphäre fast senkrecht durchquert, absorbieren dort Gase deutlich weniger Strahlung als in Polnähe, wo die Strahlung in einem stark geneigten Winkel einfällt. In der oberen Atmosphäre werden kurze Wellenlängen durch Ozon und Sauerstoff absorbiert, in der unteren Atmosphäre absorbieren Wasserdampf und CO_2 Strahlung. Die im Sonnenlicht enthaltene Infrarotstrahlung wird durch Wasserdampf, CO_2 und Spurengase wie Ozon, Methan und Lachgas fast vollständig absorbiert, aber dieselben Gase geben sie zum Großteil auch wieder ab. Dies führt in der Regel zur Abkühlung der betreffenden Atmosphärenschicht. Wird mehr Strahlung absorbiert als abgegeben, erwärmt sie sich. Der größtenteils in der Nähe der Oberfläche konzentrierte Wasserdampf hält die untersten Bereiche der Atmosphäre warm, während die Temperatur laufend abnimmt, je höher man in der Troposphäre steigt. In der Stratosphäre nimmt die Temperatur wieder zu, weil Ozon die Sonneneinstrahlung absorbiert. Die von der Höhe abhängigen Temperaturänderungen in der Atmosphäre spielen eine entscheidende Rolle für die weltweiten Zirkulationsmuster, die Wärme und Energie umverteilen.

VERWANDTE THEMEN
DIE ATMOSPHÄRISCHE ZIRKULATION
Seite 16

DER STRAHLUNGSHAUSHALT DER ERDE
Seite 32

SONNENSTRAHLUNG
Seite 34

WÄRMESTRAHLUNG & TREIBHAUSEFFEKT
Seite 38

3-SEKUNDEN-BIOGRAFIE
GORDON DOBSON
1889–1976

Britischer Physiker und Meteorologe, der durch Beobachtung der Meteoritenbewegungen feststellte, dass die Temperatur in der Stratosphäre mit zunehmender Höhe ansteigt; das Dobson-Spektrometer, ein Instrument zur Messung des Ozongehalts, ist nach ihm benannt

30-SEKUNDEN-TEXT
Ellie Highwood

Wie viel Sonnenstrahlung zur Erde oder zurück in den Weltraum gelangt, hängt von Gasen wie Ozon, Sauerstoff und CO_2 ab.

TEMPERATURZYKLEN: TÄGLICH & JÄHRLICH

30 Sekunden Klima

3-SEKUNDEN-EREIGNIS
Die meisten Gegenden der Erde kennen tages- und jahreszeitliche Temperaturschwankungen, die auf die unterschiedliche Sonneneinstrahlung im betreffenden Zeitraum zurückgehen.

3-MINUTEN-ZYKLUS
Tägliche Temperaturzyklen resultieren in täglichen Wetterzyklen. Die Erwärmung tropischer Landmasse im Laufe des Tages führt dazu, dass die Luft warm wird und aufsteigt. Dabei kühlt sie sich ab, und das Wasser kondensiert zu Wolken, aus denen schließlich Regen fällt. Der tägliche Zyklus der Erwärmung durch die Sonne findet seinen Höhepunkt in der tropischen Wolkendecke und Regenfällen am späten Nachmittag.

Die zyklisch unterschiedliche

Sonneneinstrahlung auf der Erde führt vielerorts zu tages- und jahreszeitlichen Temperaturschwankungen, die unser Klima prägen. Der Wechsel von Tag und Nacht geht auf die Erdrotation zurück. Tagsüber erwärmt Sonnenlicht die Oberfläche, nachts kühlt sie wieder ab. Dabei ändert der Boden seine Temperatur schneller als das Wasser. Da Wolken tagsüber für kühlere und nachts für wärmere Temperaturen sorgen, sind die Unterschiede an hoch gelegenen, wolkenfreien, kontinentalen Orten am größten. So wurde im afghanischen Kandahar, in etwa 900 Kilometern Entfernung vom Meer, ein Tageszyklus von 23 °C gemessen. Die Jahreszeiten gehen auf die Neigung der Erdachse auf ihrer jährlichen Umlaufbahn um die Sonne zurück. Je weiter die Entfernung vom Äquator, desto ausgeprägter fallen sie aus, denn die Schwankungen des wärmenden Sonnenlichts sind hier größer. Die Breiten nördlich und südlich der Polarkreise erhalten im Hochwinter gar kein und im Hochsommer 24 Stunden Tageslicht, sodass die saisonalen Temperaturzyklen hier teilweise extrem ausfallen. So wurden im sibirischen Werchojansk im Verlauf eines Jahres Temperaturen zwischen –68 und +37 °C gemessen. In den Tropen fallen die saisonalen Temperaturschwankungen deutlich schwächer aus, doch dort können regelmäßige Veränderungen der Windverhältnisse wie der Monsun zu jahreszeitlichen Zyklen führen.

VERWANDTE THEMEN
DIE ATMOSPHÄRISCHE ZIRKULATION
Seite 16

DER STRAHLUNGSHAUSHALT DER ERDE
Seite 32

SONNENSTRAHLUNG
Seite 34

3-SEKUNDEN-BIOGRAFIE
KARIN LABITZKE
1935–2015
Deutsche Meteorologin, die mit der Analyse von täglichen Ballon- und Satellitenmessungen wesentlich zum Verständnis der Temperaturvariabilität in der Stratosphäre beitrug

30-SEKUNDEN-TEXT
Ellie Highwood

Temperaturschwankungen prägen den Wechsel von Tag und Nacht sowie der Jahreszeiten, die eine Folge der geneigten Achse der Erde auf ihrer jährlichen Umlaufbahn um die Sonne sind.

WASSER ◐

Energiegleichgewicht Gleichgewicht zwischen der wärmenden Wirkung der Sonnenenergie und der kühlenden Wirkung der Rückstrahlung ins All. Eine Störung durch eine Veränderung der einfallenden Sonnenenergie oder der in den Weltraum abgestrahlten Wärme führt mitunter zu einer höheren bzw. tieferen Durchschnittstemperatur auf dem betreffenden Planeten.

Energiehaushalt (Energiebilanz) Bilanz der gesamten in die Atmosphäre eintretenden Sonnenenergie, der von den Kontinenten und Ozeanen absorbierten Energie, der reflektierten, abgestrahlten und wieder in den Weltraum emittierten Energie sowie der durch Kondensation/Verdunstung/Gefrieren/Schmelzen und Reibung übertragenen Energie. Da der Energiehaushalt stets ausgeglichen sein muss, ändert sich das Klima eines Planeten, um Ungleichgewichte zu beseitigen. *Siehe* Strahlungshaushalt.

Festeis Meereis, das fest an der Küstenlinie verankert oder zwischen auf Grund gelaufenen Eisbergen eingeschlossen ist, sodass es sich nicht bewegen kann.

Hadley-Zelle Atmosphärisches Zirkulationsmuster, bei dem die Luft in der Nähe des Äquators aufsteigt, in etwa 15 Kilometern Höhe polwärts in Richtung Subtropen wandert und in Bodennähe zurückkehrt.

Latente Wärme Wechselt eine Substanz den Aggregatzustand (z. B. von fest zu flüssig), wird Wärmeenergie entweder aufgenommen oder an die Umgebung abgegeben. Diese Wärmeenergie wird als latente Wärme bezeichnet.

Relative Luftfeuchtigkeit Die Menge an Wasserdampf in der Luft im Verhältnis zur maximalen Dampfmenge, die sie aufnehmen kann. Sie entspricht dem Verhältnis zwischen dem atmosphärischen Druck, den der Wasserdampf in der Luft ausübt, und dem Gleichgewichtsdampfdruck bei einer bestimmten Temperatur. Die relative Luftfeuchtigkeit hängt von der Temperatur und vom Druck ab, da beide über die Wasserdampfmenge entscheiden, die ein Gas aufnehmen kann. Sinkende Temperaturen oder ein steigender Druck erhöhen die relative Luftfeuchtigkeit. An ihrem Taupunkt hat die Luft eine relative Luftfeuchtigkeit von 100 Prozent. *Siehe* Taupunkt.

Rheologie Die Wissenschaft, die sich mit dem Verformungs- und Fließverhalten von Materie, meist im flüssigen Zustand, beschäftigt. Deutsch: Fließkunde.

Strahlungshaushalt Bilanz der in die Atmosphäre eintretenden Sonnenenergie, der von atmosphärischen Gasen, Wolken, Kontinenten und Ozeanen zerstreuten und absorbierten Anteile, der von den genannten Klimasubsystemen emittierten und absorbierten Infrarotstrahlung sowie schließlich der in den Weltraum abgegebenen Strahlung. Bei einem unausgeglichenen Strahlungshaushalt steigt oder sinkt die Temperatur der Atmosphäre so lange, bis das Gleichgewicht wiederhergestellt ist. *Siehe* Energiegleichgewicht; Energiehaushalt.

Sublimation Direkter Übergang einer Substanz von der festen in die Gasphase ohne flüssige Zwischenphase. Tritt unter anderem ein, wenn Temperatur und Druck einer Substanz unter ihren Tripelpunkt fallen, den niedrigsten Druck, bei dem diese Substanz als Flüssigkeit existieren kann. So sublimiert beispielsweise Eis knapp unter 0 °C, während Chemikalien wie Kohlenstoff oder Arsen einen sehr hohen Tripelpunkt besitzen, sodass sie natürlich kaum in flüssiger Gestalt vorkommen.

Taupunkt Je kühler die Luft ist, desto weniger Wasserdampf kann sie aufnehmen. Der Taupunkt ist die Lufttemperatur, bei der Luft mit einem bestimmten Wasserdampfgehalt die Sättigung erreicht. Bei weiterer Abkühlung kondensiert ein Teil des Wasserdampfes zu Wasser in Form von Tau oder Wolken. Liegt diese Temperatur unter dem Gefrierpunkt von Wasser, wird sie als Frostpunkt bezeichnet. Überschüssiger Wasserdampf kondensiert in dieser Umgebung als Frost. Die Luft weist am Tau- oder Frostpunkt eine relative Feuchtigkeit von 100 Prozent auf. *Siehe* Relative Luftfeuchtigkeit.

Thermodynamisches Eiswachstum Bildung und Wachstum von Meereis hängen vom Wärmeaustausch im Eis sowie zwischen Wasser und Eis ab. Kühlt eisige Luft die Oberfläche des Ozeans ab, nimmt die Dichte des Wassers zu, und es sinkt auf den Meeresboden, sodass wärmeres Wasser an die Oberfläche gelangt. Sobald alles Wasser auf eine Temperatur von –1,8 °C abgekühlt ist, bilden sich an der Oberfläche Eiskristalle. Um weiter zu wachsen, muss Wärme zwischen dem Oberflächeneis und dem relativ warmen Wasser darunter ausgetauscht werden. Die Meereisbildung verlangsamt sich mit zunehmender Dicke der Eisschicht tendenziell.

DER WASSERKREISLAUF

30 Sekunden Klima

3-SEKUNDEN-EREIGNIS
Der Wasserkreislauf ist der größte Stoffkreislauf der Erde: Wasserdampf, der bei der Verdunstung entsteht und rund um den Globus zirkuliert, ist die Voraussetzung für das Leben auf unserem Planeten.

3-MINUTEN-ZYKLUS
Der Wasserkreislauf befördert Energie und Wasser rund um den Globus. Beim Verdunsten von Wasser nimmt der Dampf Energie auf, was zu einer Abkühlung führt. Beim Kondensieren wird diese Energie andernorts wieder freigesetzt und die Luft erwärmt. Die Verdunstung ist in den Tropen am größten. Dampf gelangt von dort in höhere Breiten und hält diese Bereiche warm, indem er dort kondensiert und seine Energie freisetzt. Wolken entstehen, wenn Wasserdampf zu flüssigem Wasser kondensiert oder zu Eis resublimiert.

Als Wasserkreislauf bezeichnet man die Bewegung von Wasser rund um den Globus in gasförmigem, flüssigem und festem Zustand. Unsichtbarer Wasserdampf wird durch die weltweite atmosphärische Zirkulation über weite Strecken getragen, bis er, meist durch Aufsteigen, genügend abkühlt, um zu kondensieren oder resublimieren und als flüssige bzw. feste Niederschläge zu fallen: Regen, Hagel, Schneeregen oder Schnee. Die Prozesse im Zusammenhang mit dem Wasserkreislauf laufen vor allem über den Ozeanen ab: 84 Prozent der weltweiten Verdunstung und 77 Prozent der Niederschläge. Die Ozeane bedecken 71 Prozent der Erdoberfläche und enthalten 97,2 Prozent des Wassers auf der Erde. Der Wind befördert größere Mengen von Wasser von den Ozeanen zum Festland, wo es zusammen mit dem dort verdunsteten Wasser als Niederschläge fällt. Zum größeren Teil verdunsten diese wieder, hauptsächlich durch Transpiration über die Blätter der Pflanzen, ein Teil bleibt für lange Zeit an Land, während der Rest von Flüssen und auch über das Grundwasser in die Ozeane zurückgeführt wird. Nur etwa 0,2 Prozent des Wassers auf der Erde stehen als Süßwasser für die Ökosysteme und die Tierpopulationen (einschließlich des Menschen) zur Verfügung.

VERWANDTE THEMEN
DIE ATMOSPHÄRISCHE ZIRKULATION
Seite 16

KLIMAZONEN
Seite 20

NIEDERSCHLÄGE
Seite 56

3-SEKUNDEN-BIOGRAFIEN
PIERRE PERRAULT
1611–1680
Französischer Wissenschaftler, der als Begründer der Hydrologie gilt und die erste kohärente Beschreibung des Wasserkreislaufs vorlegte (anonym veröffentlicht, da im Widerspruch zur biblischen Darstellung der Sintflut)

EDMOND HALLEY
1656–1742
Englischer Naturwissenschaftler, der 1686 den hydrologischen Zyklus in einem Aufsatz für die Royal Society beschrieb

30-SEKUNDEN-TEXT
Brian Finlayson

Der Wasserkreislauf sorgt dafür, dass die natürlichen Wasserressourcen der Erde aufgefüllt, neu verteilt und gereinigt werden.

WASSERDAMPF & FEUCHTIGKEIT

30 Sekunden Klima

3-SEKUNDEN-EREIGNIS
Wasserdampf ist ein wichtiger Bestandteil der Atmosphäre, doch sein Anteil schwankt von Ort zu Ort und in zeitlicher Hinsicht stark und übersteigt selten vier Prozent.

3-MINUTEN-ZYKLUS
Der Wasserdampf in der Luft spielt eine wichtige Rolle für unseren Wärmehaushalt. Ist der Wasserdampfgehalt so hoch, dass wenig oder gar keine Verdunstung stattfindet, kann der Körper nur ungenügend durch Schwitzen gekühlt werden, und unsere Haut fühlt sich besonders bei höheren Temperaturen heiß und klebrig an. Eine niedrige relative Luftfeuchtigkeit ist unangenehm, weil Augen und Haut austrocknen. Die niedrigste Luftfeuchtigkeit wurde im Juni 2017 bei Safi-Abad Dezful im Iran gemessen und betrug 0,36 Prozent.

Wasser existiert je nach Temperatur als festes Eis, flüssiges Wasser oder unsichtbarer Dampf. Zwei Prozesse wandeln Wasser vom festen bzw. flüssigen Aggregatzustand in ein Gas um: Verdampfung (Wasser in Dampf) und Sublimation (Eis direkt in Dampf). Beide Prozesse erfordern die Zufuhr von Energie. Diese wird als latente Verdampfungswärme im Wasserdampf gespeichert und später, wenn er kondensiert oder resublimiert, wieder freigesetzt, sodass sich die Atmosphäre erwärmt. Je heißer die Luft, desto mehr Wasserdampf kann sie speichern, bevor sie gesättigt ist. Der Wasserdampfgehalt wird als relative Luftfeuchtigkeit bezeichnet, die ausdrückt, wie viel Prozent der bei einer bestimmten Temperatur maximalen Dampfmenge gerade in der Luft vorhanden sind. Die Lufttemperatur, bei der die Luftfeuchtigkeit 100 Prozent erreicht und der Dampf zu Wasser kondensiert (oder zu Eis resublimiert), wird als Taupunkt bezeichnet. Die Luft kühlt sich beim Aufsteigen ab, sodass der Wasserdampf kondensiert oder resublimiert, Wolken bildet und als Regen, Hagel oder Schnee fällt. Auf der Erdoberfläche bildet sich insbesondere nachts, wenn die Temperatur sinkt, bei Kontakt der wasserhaltigen Luft mit der kalten Erdoberfläche oder einem Gewässer, aus dem Kondenswasser Nebel, den die wärmende Sonne am Morgen wieder verdampfen lässt. Die Verdampfung von Wasser und die Beförderung des Dampfs in der Atmosphäre sind wesentliche Bestandteile des Wasserkreislaufs.

VERWANDTE THEMEN
KLIMAZONEN
Seite 20

DER WASSERKREISLAUF
Seite 50

NIEDERSCHLÄGE
Seite 56

3-SEKUNDEN-BIOGRAFIEN
JEAN-ANDRÉ DELUC
1727–1817
Schweizer Naturphilosoph, der aufzeigte, das Dampf keine Lösung von Wasser in der Luft ist, sondern als separates Gas in der Atmosphäre existiert

JOSEPH BLACK
1728–1799
Schottischer Chemiker, der Jean-André Delucs Forschungen weiterführte, sodass 1801 John Dalton (1766-1844) sein Dalton'sches Gesetz zum Gasdruck ausformulieren konnte

30-SEKUNDEN-TEXT
Brian Finlayson

Wasserdampf ist ein zwar unsichtbarer, aber wichtiger Bestandteil der Atmosphäre und entscheidend für die relative Luftfeuchtigkeit.

WOLKEN & STÜRME

30 Sekunden Klima

3-SEKUNDEN-EREIGNIS
Wolken gehören zu den auffälligsten und schönsten Wettererscheinungen, aber es gibt noch viel zu entdecken über die Prozesse, die sie entstehen, wachsen und zerfallen lassen.

3-MINUTEN-ZYKLUS
Bei der Kondensation von Wasserdampf findet keine spontane Wolkenbildung statt, sondern der Dampf bindet sich an Partikel in der Luft, beispielsweise Gischtsalz oder Feinstaub. Wolkentropfen gefrieren erst bei etwa –40 °C spontan, doch einige Partikel wie Wüstenstaub können dies auch früher auslösen. Somit hängt der Anteil Sonnenlicht, den Wolken in den Weltraum reflektieren, und wie viel Wasser als Regen fällt, nicht nur vom Wetter ab, das zu ihrer Bildung führt, sondern auch von der Menge und Art der Partikel in der Luft.

In der Erdatmosphäre kann Wasser als Gas, Flüssigkeit und Feststoff koexistieren. Wolken aus Wasser oder Eis sind ein wesentlicher Bestandteil des Wasserkreislaufs der Erde und tragen zu ihrer Abkühlung oder Erwärmung bei, indem sie Sonnenlicht reflektieren und Infrarotstrahlung absorbieren. Die Umwandlung von Dampf in Wasser spielt bei der Erwärmung der Atmosphäre eine Hauptrolle: Das Verdampfen von Wasser verbraucht Energie, die Kondensation dagegen setzt Energie frei. Wolken lassen uns also nicht nur über die Schönheit des Himmels staunen, sondern prägen auch unser Klima. Warme Luft kann mehr Dampf speichern als kalte, sodass Wolken sich am ehesten dann bilden, wenn feuchte Luft aufsteigt und bis zur Sättigung abkühlt, also an Fronten, oder wenn die Erwärmung zu steigender Thermik führt. Im letzteren Fall bilden sich Schönwetter-Cumuli, die sich aber aufgrund der Energie, die bei der Kondensation und dem Gefrieren freigesetzt wird, innerhalb weniger Stunden zu gewaltigen Gewitterwolken (Cumulonimbussen) auftürmen können. Dies ist nicht selten verbunden mit sintflutartigen Regenfällen, Hagel, starken Winden oder gar Tornados. Das filigrane Zusammenspiel der Prozesse, die die Wolken steuern, macht sie zu einem der am wenigsten einschätzbaren Phänomene der Erdatmosphäre. Veränderungen bei den Wolken gelten als wichtiger Unsicherheitsfaktor bei der Vorhersage des Ausmaßes des menschengemachten Klimawandels.

VERWANDTE THEMEN
DIE WIRKUNG VON
WOLKEN & PARTIKELN
Seite 40

DER WASSERKREISLAUF
Seite 50

WASSERDAMPF & FEUCHTIGKEIT
Seite 52

NIEDERSCHLÄGE
Seite 56

3-SEKUNDEN-BIOGRAFIE
LUKE HOWARD
1772–1864
Britischer Chemiker und Amateurmeteorologe, der das Namenssystem für Wolken ausarbeitete

30-SEKUNDEN-TEXT
John Marsham

Wolken sind sichtbare Ansammlungen von Eis und Wasser in der Atmosphäre. Niederschläge, die daraus fallen, bringen Wasser zur Erdoberfläche oder verdampfen auf dem Weg dahin, sodass das Wasser in die Atmosphäre zurückgelangt.

NIEDERSCHLÄGE

30 Sekunden Klima

3-SEKUNDEN-EREIGNIS
Unter Niederschlägen versteht man Wasser, das in flüssiger oder fester Form aus der Atmosphäre auf die Erde fällt, wie Regen als bekannteste Form, aber auch Eispartikel, Schnee, Hagel und Graupel.

3-MINUTEN-ZYKLUS
Da die Bildung eines Regentropfens rund eine Million Wolkentröpfchen erfordern würde, ist Eis der wahrscheinlichere Ausgangsstoff. Vermutlich verdunsten dabei einige Tropfen, damit die verbleibenden schneller wachsen können, starke Turbulenzen lassen Kollisionen stärker ausfallen, und sehr große Partikel wie die der Meeresgischt bilden größere Tropfen. Wie auch immer seine Bildung verläuft, sobald ein Tropfen eine ausreichende Größe erreicht hat, kollidiert er im Fallen häufiger und wächst immer mehr – ein Schneeballeffekt beim Regen!

Niederschläge bringen Wasser an die Erdoberfläche zurück. Lange Zeit wurde angenommen, dass bei der Regenbildung Wolkentröpfchen wachsen, bis sie aufgrund ihres Gewichts herunterfallen. In Wirklichkeit ist dies aber die Folge einer Kette von Prozessen. Da der Durchmesser eines Wolkentropfens nur etwa zehn Mikrometer (ein Zehntel der Dicke eines menschlichen Haares) beträgt, würde es äußerst lange dauern, bis genügend Wasserdampf auf einem Wolkentropfen kondensiert, um einen Regentropfen von etwa einem Millimeter Größe zu bilden. Niederschläge entstehen deshalb wohl häufiger durch Eisbildung in Wolken. Die Eiskristalle wachsen meist auf Kosten der sie umgebenden Wolkentropfen, wobei dank Aufwinden Flüssigkeitstropfen auf dem Eis verbleiben. Im Fallen sammeln die Eiskristalle immer mehr Eis und Wolkentröpfchen ein. Wenn diese bei Kontakt gefrieren, bildet sich Schnee oder Graupel, der im Fallen zu Regentropfen schmelzen kann, die ihrerseits auf dem Weg nach unten Wolkentröpfchen einfangen. Wenn heftige Gewitteraufwinde große Partikel durch die Luft wirbeln, kann Flüssigkeit aus Wolkentröpfchen zu Eis gefrieren und sich Hagel bilden. Da es auf der Erde aufgrund des Klimawandels immer wärmer wird, kann die Luft auch immer mehr Wasser aufnehmen. Die Folge sind häufigere starke Regenfälle und eine größere Zahl von Überschwemmungen.

VERWANDTE THEMEN
WÄRMESTRAHLUNG & TREIBHAUSEFFEKT
Seite 38

DER WASSERKREISLAUF
Seite 50

WOLKEN & STÜRME
Seite 54

GLOBALE ERWÄRMUNG
Seite 112

3-SEKUNDEN-BIOGRAFIE
JOANNE SIMPSON
1923–2010
Amerikanische Meteorologin, die aufzeigte, wie konvektive Wolken den Energiehaushalt der tropischen Atmosphäre steuern

30-SEKUNDEN-TEXT
John Marsham

Die Niederschlagsmenge ist ein Schlüsselfaktor für die Flora und Fauna, die in einer bestimmten Festlandregion leben kann.

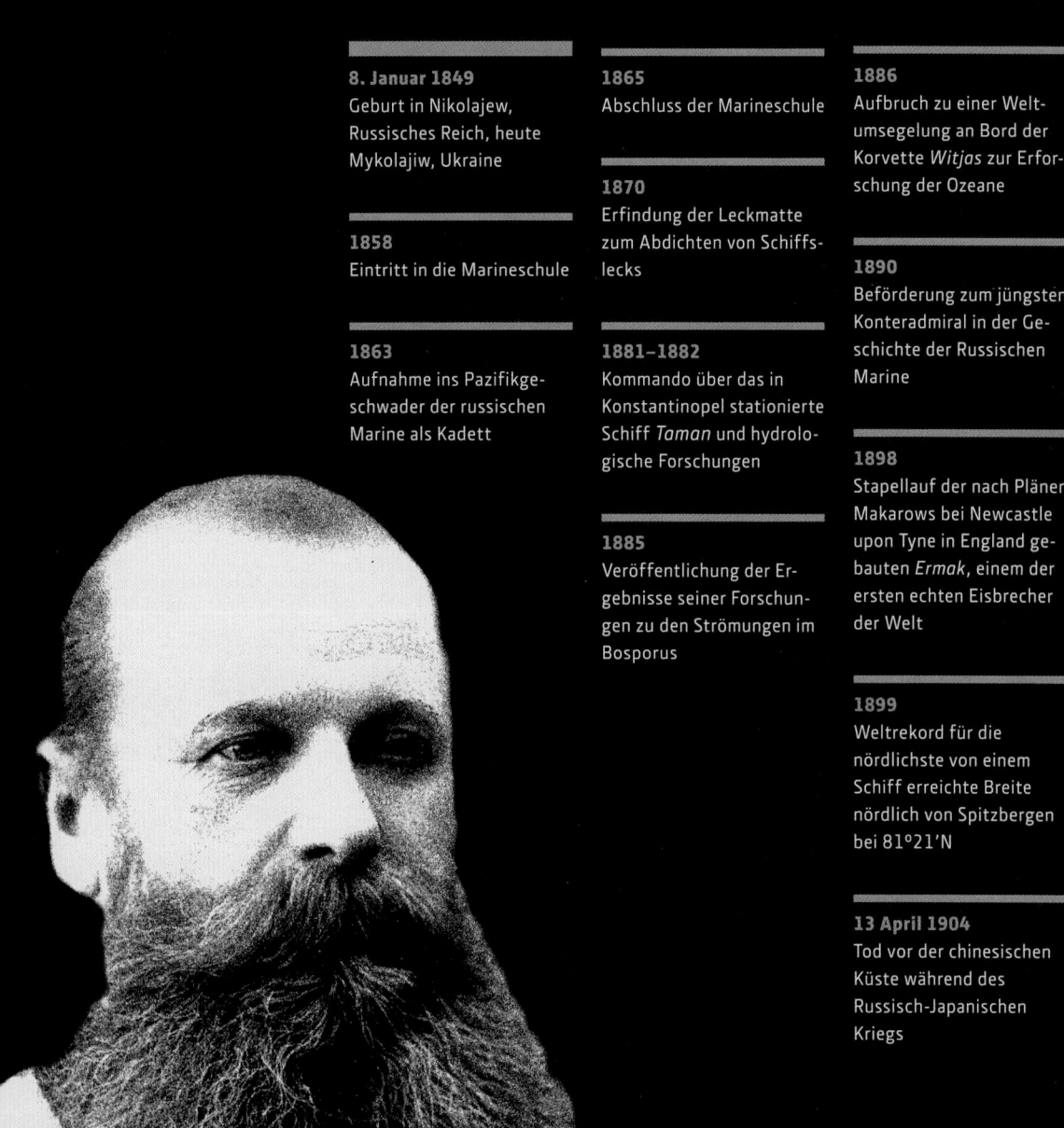

8. Januar 1849
Geburt in Nikolajew,
Russisches Reich, heute
Mykolajiw, Ukraine

1858
Eintritt in die Marineschule

1863
Aufnahme ins Pazifikge-
schwader der russischen
Marine als Kadett

1865
Abschluss der Marineschule

1870
Erfindung der Leckmatte
zum Abdichten von Schiffs-
lecks

1881–1882
Kommando über das in
Konstantinopel stationierte
Schiff *Taman* und hydrolo-
gische Forschungen

1885
Veröffentlichung der Er-
gebnisse seiner Forschun-
gen zu den Strömungen im
Bosporus

1886
Aufbruch zu einer Welt-
umsegelung an Bord der
Korvette *Witjas* zur Erforschung der Ozeane

1890
Beförderung zum jüngsten
Konteradmiral in der Ge-
schichte der Russischen
Marine

1898
Stapellauf der nach Plänen
Makarows bei Newcastle
upon Tyne in England ge-
bauten *Ermak*, einem der
ersten echten Eisbrecher
der Welt

1899
Weltrekord für die
nördlichste von einem
Schiff erreichte Breite
nördlich von Spitzbergen
bei 81°21′N

13 April 1904
Tod vor der chinesischen
Küste während des
Russisch-Japanischen
Kriegs

STEPAN MAKAROW

Der russische Konteradmiral

Stepan Ossipowitsch Makarow erforschte als Erster den Arktischen Ozean mit einem Eisbrecher. Als herausragender Ingenieur mit dem hartnäckigen Wunsch zur Erforschung der Weltmeere machte er die Polarmeere zugänglich. Mit seiner gründlichen wissenschaftlichen Forschung lieferte er einige der frühesten Daten zur Veränderlichkeit des Ozeanwassers, das die Strömungen der Meere antreibt und ihre Zirkulation steuert.

Makarow wurde 1849 in der russischen Kleinstadt Nikolajew, dem heutigen Mykolajiw, in der Südukraine, als Sohn eines pensionierten Kapitänleutnants der Kaiserlich Russischen Marine geboren, der ihn mit zehn Jahren auf eine Marineschule schickte. Er vernarrte sich in die See und strebte eine Karriere in der Marine an.

Bei der Marine entdeckte er sein großes Talent für Erfindungeåån: Als Erstes entwickelte er eine Leckmatte, mit der man Lecks im Schiffsrumpf abdichten konnte. Als er in den frühen 1880er-Jahren mit seinem Schiff im Bosporus stationiert war, wies Makarow die Existenz starker Gegenströmungen in dieser Verbindung zwischen dem Schwarzen und dem Marmarameer nach. Er zeigte auf, dass diese Strömungen durch Dichteunterschiede des Wassers in beiden Meeren verursacht werden und außerdem mit der Temperatur und dem Salzgehalt zusammenhängen, die je nach Tiefe unterschiedlich ausfallen. Diese Entdeckung machte ein von Makarow erfundenes wissenschaftliches Gerät möglich, mit dem er die Strömungsgeschwindigkeit messen konnte.

1886 machte er sich auf zu einer 33-monatigen Weltumsegelung an Bord der *Witjaz* auf, um detaillierte Untersuchungen des Meerwassers durchzuführen. Dazu wurden unter seiner Leitung Dichte und Temperatur in Tiefen zwischen 25 und 800 Metern gemessen. Basierend auf diesen und anderen Daten, die auf anderen Erkundungsfahrten gesammelt worden waren, erarbeitete Makarow die ersten Wassertemperatur-Tabellen für den Nordpazifik.

Sein lang gehegter Wunsch, die Gewässer der Arktis zu erforschen, veranlasste Makarow zum Entwurf des weltweit ersten polaren Eisbrechers mit verstärktem Rumpf, der Eis bis zu einer Dicke von zwei Metern durchbrechen konnte. Die Jungfernfahrt der 1898 vom Stapel gelaufenen *Ermak* führte von Newcastle upon Tyne nach Spitzbergen. Sie diente als Vorbild für künftige Eisbrecher, ohne die keine wissenschaftliche Erforschung der Pole möglich wäre, und eröffnete neue Handelswege.

Makarow starb 1904 im Russisch-Japanischen Krieg, als sein Schiff, die Petropawlowsk, auf eine Mine auflief. Nach seinem Tod blieb die *Ermak* weitere sechzig Jahre im Einsatz, bevor sie 1964 verschrottet wurde.

Claire Asher

WÜSTEN

30 Sekunden Klima

3-SEKUNDEN-EREIGNIS
Aufgrund der dort herrschenden Trockenheit gehören die Wüsten zu den unwirtlichsten Gegenden der Welt mit beinahe gar keiner Vegetation. Die vorhandenen Pflanzen zeichnen sich jedoch durch ihre Widerstandsfähigkeit aus.

3-MINUTEN-ZYKLUS
Der Sand, der bei Habubs in Wüsten aufgewirbelt wird, beeinflusst das Klima auf der ganzen Erde. Er kann sich auf Schnee und Eis ablagern, diese dunkel einfärben und ihr Schmelzen beschleunigen. Während er um die Welt transportiert wird, reflektiert der Sand Sonnenlicht, absorbiert Infrarotstrahlung, löst die Eisbildung in Wolken aus und liefert lebenswichtige Nährstoffe für Wälder und Ozeane. Er stellt die Verbindung zwischen der größten Wüste der Erde, der Sahara, und dem riesigen Kohlenstoffspeicher des Amazonas her.

In Wüsten kann ein heißes oder, beispielsweise in den Polargebieten, auch ein frostiges Klima herrschen. Wenn wir von Wüsten sprechen, meinen wir allerdings meistens die heißen, trockenen Regionen, die vor allem dort vorkommen, wo in den Subtropen die Luft in der Hadley-Zelle absinkt. Dabei erwärmt sie sich und trocknet aus, was die Wolkenbildung verhindert. Die starke Sonneneinstrahlung in diesen Breitengraden erwärmt die Böden. Da diese sehr trocken sind und somit kaum Verdunstung stattfindet, heizt sich die Luft weiter auf. Als Folge entsteht ein Hitzetief, das Luft ansaugt. Ein Beispiel dafür ist der westafrikanische Monsun, bei dem feuchte Luft vom Atlantik zum Sahara-Sommerhitzetief strömt. Die Sahara gibt mehr Wärme in den Weltraum ab, als die Sonne ihr zuführt, denn die absinkende Luft bringt zusätzliche Wärme dorthin. Die Rolle des Wassers gewinnt im Wüstenklima infolge seiner weitgehenden Abwesenheit noch an Bedeutung. Da Wasserdampf und Wolken die von der Erdoberfläche abgegebene Infrarotstrahlung absorbieren, haben in einer Wüste schon kleine zusätzliche Wassermengen einen großen Einfluss darauf, wie viel Wärme in den Weltraum entweicht. Wolken bilden sich auch in Wüstenregionen – für uns vielleicht überraschend – häufig, gespeist von einer kräftigen Thermik. Der daraus fallende Regen verdampft oft schon auf dem Weg zur Oberfläche und kühlt die Luft. In der Folge strömt kalte Luft rasant zur Oberfläche, breitet sich dort aus und verursacht gewaltige Sandstürme.

VERWANDTE THEMEN
DIE ATMOSPHÄRISCHE ZIRKULATION
Seite 16

KLIMAZONEN
Seite 20

WÄRMESTRAHLUNG & TREIBHAUSEFFEKT
Seite 38

EXTREMEREIGNISSE
Seite 120

3-SEKUNDEN-BIOGRAFIE
PEVERIL MEIGS
1903–1979
Amerikanischer Geograf, der sich auf trockene Länder spezialisierte und die Landschaft mit der Lebensweise der Ureinwohner in Verbindung brachte

30-SEKUNDEN-TEXT
John Marsham

Viele von uns denken, Wüsten seien heiße und trockene Gegenden. Sie können auch frostig sein, aber auch in diesem Fall kennzeichnen Trockenheit und spärliche Vegetation sie als Wüste.

MEEREIS

30 Sekunden Klima

3-SEKUNDEN-EREIGNIS
Das Meereis ist ein dünner Panzer aus gefrorenem Meerwasser, der sich in hohen Breiten bildet, wenn die Temperaturen unter den Gefrierpunkt von Salzwasser fallen.

3-MINUTEN-ZYKLUS
Nach einem Jahr erreicht das Meereis durch thermodynamisches Wachstum von der Oberfläche nach unten eine Dicke von bis zu zwei Metern. Der größte Teil davon bildet sich jedes Jahr neu und schmilzt wieder. Mehrjähriges Eis macht etwa 30 Prozent des in der Arktis vorkommenden Eises aus und erreicht Dicken von mehr als zehn Metern. Das antarktische Meereis erweist sich bisher als widerstandsfähig gegen den Klimawandel, während sich das arktische zurückzieht. Seine Ausdehnung am Ende des Sommers hat seit den Siebzigerjahren um 13 Prozent pro Jahrzehnt abgenommen.

Wenn das Sonnenlicht im Winter schwindet und in den Polargebieten der Welt für kürzere oder längere Zeit ausbleibt, kühlt das Meerwasser ab und beginnt bei −1,8 °C zu gefrieren – das Meer wird zu Eis. In der Antarktis gefriert der Südliche Ozean sternförmig vom Kontinent nach außen. Im Spätwinter ist eine Fläche von etwa 14,5 Millionen Quadratkilometern eisbedeckt. Diese reduziert sich im Südsommer auf ein Jahresminimum von rund 1,9 Millionen Quadratkilometern zurück. Der arktische Saisonzyklus ist mit einer Meereisfläche zwischen vier und 3,6 Millionen Quadratkilometern im Verlauf des Jahres deutlich weniger ausgeprägt. Das arktische Meereis wird vielerorts durch die Landmassen begrenzt, die den Arktischen Ozean umgeben, während das Eis andernorts bis in die mittleren Breiten der subpolaren Meere vordringt. Während ein Teil des Meereises fest mit dem Land verbunden (Festeis) ist, bewegt sich der andere Teil auf dem offenen Ozean mit den Meeresströmungen und Winden. Diese kontinuierliche Bewegung bricht die Eisdecke auf, sodass sich ein in ständiger Bewegung befindliches Mosaik aus Eis und Wasser mit großen offenen Wasserflächen, sogenannten Polynjas, und kleineren eisfreien Flächen, sogenannten Eisblänken, bildet. Meereis hat nicht nur aufgrund seiner hohen Albedo einen großen Einfluss auf das Weltklima, sondern auch weil es eher wie eine Landfläche wirkt und weder die Temperaturen moderiert noch Wärme und Feuchtigkeit in die Atmosphäre abgibt.

VERWANDTE THEMEN
DIE OZEANISCHE ZIRKULATION
Seite 18

GLETSCHER & EISSCHILDE
Seite 64

3-SEKUNDEN-BIOGRAFIEN
PYTHEAS
4. Jh. v. Chr.
Antiker griechischer Seefahrer, Astronom und Volkskundler, dessen nur in Fragmenten erhaltene Abhandlung *Über den Ozean* (um 325 v. Chr.) die ersten Beobachtungen von Treibeis enthält; er beschreibt dort auch die Mitternachtssonne im Nordatlantik

NORBERT UNTERSTEINER
1926–2012
Meereisphysiker und Leiter der arktischen Eisstation Alpha 1957, der ersten westlichen Eisdriftstation, Herausgeber von *The Geophysics of Sea Ice* (1981), einer Abhandlung, die die Grundlage für ein modernes wissenschaftliches Verständnis des Meereises schuf

30-SEKUNDEN-TEXT
Shawn Marshall

Die Meereisfläche gehört zu den sichtbarsten und empfindlichsten Indikatoren für Klimawandel.

GLETSCHER & EISSCHILDE

30 Sekunden Klima

3-SEKUNDEN-EREIGNIS
Gletscher und Eisschilde
sind beständige Massen
aus Eis, Wasser, Schnee,
Geröll und Fels, die sich
durch viskose Verformung
bergab bewegen.

3-MINUTEN-ZYKLUS
Das wechselseitige Ver-
hältnis von Gletschern und
Klima ist vielfältiger Natur.
Ihr Schwund dient als Indi-
kator für den Klimawandel
bzw. die Erderwärmung,
aber sie verändern auch
als aktive Bestandteile des
Klimasystems den Energie-
haushalt der Erde, deren
Oberflächeneigenschaften,
die Luftzirkulation und
den Wasserkreislauf. Das
Tiefeneis in der Antarktis
ist fast eine Million Jahre
alt. Einzelne Eisproben von
diesem Kontinent weisen
ein Alter von bis zu 2,7 Millionen Jahren auf und
geben Auskunft über das
Klima vor den Eiszeiten.

Die rund 200 000 Gletscher,
Eiskappen und Eisschilde bedecken etwa 10,5 Prozent des Festlandes der Erde. Diese Eismassen bergen über 99 Prozent des weltweiten Oberflächen-
süßwassers. Ihre vollständige Schmelze ließe den
globalen Meeresspiegel um 64 Meter ansteigen.
Den Löwenanteil machen die Eisschilde der Antarktis und Grönlands aus, während kleinere Gletscher
und Eisfelder nur ein Prozent zu diesen Eismassen
beitragen. In den Berggebieten der Welt schmü-
cken diese kleineren Eismassen nicht nur die Landschaft, sondern spielen auch als Wasserressourcen
und im Rahmen der dortigen Kultur eine wichtige
Rolle. Aus Niederschlägen in Form von Schnee
bildet sich über Jahrzehnte bis Jahrtausende Gletschereis. Bemerkenswert: Schneeflocken, die sanft
zum Boden fallen, verbinden sich im Laufe der Zeit
zu einem bis zu vier Kilometer dicken Eispanzer,
der in der Antarktis einen ganzen Kontinent bedeckt. Dabei verdichtet sich der Schnee allmählich
unter seinem Eigengewicht und rekristallisiert zu
Gletschereis. Wenn die Gletscher dick und/oder
steil genug sind, bringen die Gravitationskräfte
sie zum Fließen – durch nichtlineare viskose Verformung. Eine weitere Art der Gletscherbewegung
ist das basale Gleiten über das Grundgestein oder
subglaziale Sedimentdeformationen. Gletscher
befanden sich in den letzten Jahrzehnten infolge
steigender Temperaturen weltweit auf dem Rück-
zug, und viele Berggletscher dürften das 21. Jahrhundert nicht überleben.

VERWANDTE THEMEN
MEEREIS
Seite 62

PALÄOKLIMA
Seite 106

MEERESSPIEGEL
Seite 122

3-SEKUNDEN-BIOGRAFIEN
LOUIS AGASSIZ
1807–1873
Schweizerisch-amerikanischer
Naturforscher, dessen 1840
erschienenes Buch *Études sur
les Glaciers* überzeugende geologische Beweise für Eiszeiten in
Europa und Nordamerika lieferte

JOHN NYE
1923–2019
Britischer Physiker, der Verformung und Spannung von Gletschern in Gleichungen fasste und
damit die Grundlage der heutigen
glaziologischen Modelle schuf

30-SEKUNDEN-TEXT
Shawn Marshall

*Die Hunderte bis Millio-
nen Jahre alten Gletscher
und Eisschilde sind der
Schlüssel zu einem lang-
fristigen Klimaarchiv.*

LEBEN & BIOGEOCHEMISCHE KREISLÄUFE

LEBEN & BIOGEOCHEMISCHE KREISLÄUFE
GLOSSAR

Biomasse Stoffmasse aller lebenden Organismen in einer Umgebung oder einem Gebiet. Sie kann auf der Ebene einer Population, einer Art oder global für ein bestimmtes Trophieniveau einer Nahrungskette berechnet werden. Die auf einem Trophieniveau vorhandene Biomasse entscheidet darüber, welche Biomasse Kreaturen auf dem nächsthöheren Trophieniveau zur Verfügung steht. *Siehe* Trophieniveau.

Biosphäre (Ökosphäre) Umgebung, in der lebende Organismen mit anderen Lebewesen sowie mit der unbelebten Umwelt, beispielsweise Luft, Wasser und Fels, interagieren.

Bruttoprimärproduktion (BPP) Gesamte Menge der chemischen Energie, die als Biomasse bei der Photosynthese erzeugt wird. Ein Teil davon wird bei der Atmung verbraucht, der als organische Substanz gespeicherte Rest wird als Nettoprimärproduktion (NPP) bezeichnet. Die BPP hängt von der verfügbaren Sonnenenergie ab.

Hydrosphäre Gesamtheit des Wassers auf der Erde: in Flüssen, Bächen, Seen und Ozeanen sowie die Feuchtigkeit in der Atmosphäre und unter der Erde. Der von Verdunstung und Niederschlägen angetriebene Wasserkreislauf transportiert Wasser zwischen den verschiedenen Bereichen der Hydrosphäre.

Klimaxvegetation (Klimaxgesellschaft) Die Pflanzengesellschaft, die sich in der Klimax, am Schluss der Sukzession in einer ungestörten Umgebung, einstellt. Sie ist ein stabiles Ökosystem, das auf unbestimmte Zeit bestehen bleibt, wenn es nicht gestört wird. Es wird angenommen, dass der Fortschritt bei Lebensgemeinschaften in Abwesenheit von Faktoren wie Feuer, Weidegang oder Klimaänderungen von frühen Kolonisten auf nacktem Fels zu Waldökosystemen führt. *Siehe* Sukzession.

Lithosphäre Die starre äußerste Schicht eines Planeten. Auf der Erde umfasst die Lithosphäre die Kruste und einen Teil des oberen Mantels mit elastischen Eigenschaften, die über Jahrtausende erhalten bleiben. Die Lithosphäre setzt sich aus tektonischen Platten zusammen, die sich über geologische Zeiträume relativ zueinander bewegen. Der obere Teil der Lithosphäre, die Erdkruste, interagiert mit der Atmosphäre, der Hydrosphäre und der Biosphäre. *Siehe* Hydrosphäre.

Städtische Wärmeinsel Im Durchschnitt liegt die Lufttemperatur in den Städten um ein bis drei Grad höher als in der Umgebung. Dieses Phänomen wird als städtischer Wärmeinseleffekt bezeichnet. Als Ursache gelten Faktoren wie höhere Bevölkerungsdichte, Wärmeabstrahlung von Gebäuden und Verkehrsnetzen oder die windbrechende Wirkung hoher Gebäude in ihrem Zusammenspiel.

Sukzession Natürliche Rückkehr der für einen Standort typischen Pflanzen-, Tier- und Pilzgesellschaften nach einer Störung.

Trophieniveau (-ebene, -stufe) Organismen werden nach ihrer Position im Energiekreislauf (der Nahrungskette) des jeweiligen Ökosystems kategorisiert. Pflanzen und Algen produzieren durch Photosynthese Biomasse. Diese Organismen bilden zusammen das erste Trophieniveau der Produzenten. Auf der zweiten Ebene stehen als Primärkonsumenten die Pflanzenfresser, die die Produzenten verzehren, um sich bewegen und wachsen zu können. Und schließlich finden wir auf der dritten Ebene die Fleischfresser als Endverbraucher, die Pflanzenfresser oder andere Fleischfresser verzehren.

DIE BIOSPHÄRE

30 Sekunden Klima

Die Biosphäre, also die Gesamt-

heit der irdischen Organismen, bildete sich vermutlich vor 4,2 bis 3,5 Milliarden Jahren heraus, als sich einfache organische Stoffe spontan zu selbstreplizierenden Molekülen zusammenschlossen. Der Begriff kann sich im Sinne der Ökosphäre auch auf die bewohnbare Zone der Erde beziehen, die sich Tausende Meter über und unter der Erde sowie dem Meer erstreckt. Die Biosphäre gehört wie Kruste (Lithosphäre), Wasser (Hydrosphäre) und Luft (Atmosphäre) — und an deren Schnittstelle die Pedosphäre – zu den geochemischen Teilsystemen der Erde. Lebewesen haben die Lithosphäre, die Hydrosphäre und die Atmosphäre von Grund auf verändert. So gaben die ersten photosynthetisierenden Organismen große Sauerstoffmengen in die Atmosphäre ab und machten damit den Weg frei für höhere Lebensformen. Kohlendioxid, das bei der Verbrennung pflanzlicher Stoffe freigesetzt wird, und Seen, denen die Algenblüte den Sauerstoff entzogen hat, sind heutige Beispiele für die Interaktion der Biosphäre mit den geologischen Teilsystemen der Erde. Die Begriffe »Biosphäre« und »Ökosphäre« werden zur Beschreibung der Wechselwirkungen zwischen lebenden Organismen und unbelebter Umwelt oft synonym verwendet. Geografisch unterteilt man die Biosphäre in Biome: Zonen mit ähnlicher Temperatur, Niederschlagsmenge und geografischer Breite und deshalb ähnlichen Ökosystemen wie Savanne, Regenwald oder Tundra sowie Flora und Fauna.

3-SEKUNDEN-EREIGNIS
Die Biosphäre umfasst alle Lebewesen – von Pandas bis zum Plankton. Da sie auf der Erde meist mikroskopisch klein sind, könnte die Biomasse der Mikroben die der Pflanzen und Tiere bei Weitem übersteigen.

3-MINUTEN-ZYKLUS
Erste Lebensformen tauchten etwa 500 Millionen Jahre nach ihrer Entstehung auf der Erde auf, wie Spuren in Grönland, Australien und Kanada belegen. Die urzeitliche Biosphäre hinterließ chemische Hinweise wie Grafit mit niedrigem Kohlenstoff-13-Gehalt sowie Fossilien von Mikroben und mikrobiellen Matten (Mikrobenkolonien). Forscher, die sich mit über vier Milliarden Jahre altem Gestein beschäftigen, entdecken auch weiterhin ältere Fossilien, sodass der Beginn des Lebens auf der Erde immer weiter zurückdatiert wird.

VERWANDTE THEMEN
DER STRAHLUNGSHAUSHALT
DER ERDE
Seite 32

DER WASSERKREISLAUF
Seite 50

ÖKOSYSTEME
Seite 72

3-SEKUNDEN-BIOGRAFIEN
EDUARD SUESS
1831–1914
Österreichischer Geologe, der den Begriff der Biosphäre prägte und die Existenz des neoproterozoischen Superkontinents Gondwana(-Land) sowie des Tethys-Ozeans postulierte

WLADIMIR WERNADSKI
1863–1945
Russischer Geologe, Mineraloge und Geochemiker, der postulierte, dass das Leben eine geologische Kraft ist, die die Erde prägt

30-SEKUNDEN-TEXT
Claire Asher

Die Erde besitzt ein einzigartiges Gefüge aus lebenden Organismen, deren Größe von mikroskopisch bis riesig reicht: die Biosphäre.

ÖKOSYSTEME
30 Sekunden Klima

3-SEKUNDEN-EREIGNIS

Energie- und Nährstoffkreisläufe verbinden die lebenden und unbelebten Bestandteile von Ökosystemen – Pflanzen, Tiere, Mineralien, Wasser, Luft und Klima – miteinander und schaffen so eine jeweils andere Umgebung.

3-MINUTEN-ZYKLUS

Das Eindringen gebietsfremder Arten in ein Ökosystem stört über Jahrmillionen gewachsene Nährstoff- und Energiekreisläufe. Ihre zufällige Ausbreitung hat mit dem weltweiten Handel und Reisen stark zugenommen. Zehntausende Arten sind heute außerhalb ihrer Heimat zu finden. Einige gebietsfremde Arten dominieren bereits ihr neues Ökosystem, verdrängen einheimische und verändern die Energiekreisläufe. Diese schädlichen Fremden werden als »invasive Arten« bezeichnet.

Ein Ökosystem ist ein Netzwerk,

das aus interagierenden Organismen, von Mikroben bis hin zu Säugetieren, und den physikalischen Bestandteilen ihrer unbelebten Umwelt besteht: Luft, Boden, Wasser und Klima. Ökosysteme lassen sich anhand der Energie- und Nährstoffkreisläufe beschreiben, die die lebenden Organismen verbinden. Klima und Breitengrad entscheiden über die Verfügbarkeit von Sonnenenergie und Wasser und damit letztlich über die Zusammensetzung der Pflanzen- und Tierwelt in einem Ökosystem. Dessen Organismen werden aufgrund ihrer Position im Energiekreislauf (der Nahrungskette) einem Trophieniveau zugeteilt. Pflanzen und Algen, die durch Photosynthese Sonnenenergie ins Ökosystem einbringen, bilden das erste Trophieniveau, Pflanzenfresser, die die in der Pflanzenmasse gespeicherte Energie aufnehmen und verbrauchen, das zweite. Auf den oberen Trophieniveaus befinden sich schließlich die Fleischfresser, die sich von Pflanzen- und anderen Fleischfressern ernähren. Mehr als vier Trophieniveaus in einem Ökosystem sind selten, denn auf jeder Stufe geht Energie verloren, sodass auf der nächsthöheren jeweils weniger Organismen überleben. Die Produktivität eines Ökosystems wird als Gesamtproduktion organischer Substanz (Biomasse) aus der Photosynthese gemessen und als Bruttoprimärproduktion (BPP) bezeichnet. Tropische Ökosysteme weisen meist ein höheres BPP auf, weil mehr Sonnenenergie zur Verfügung steht.

VERWANDTE THEMEN
DER WASSERKREISLAUF
Seite 50

KLIMAMODELLE
Seite 94

AUSWIRKUNGEN AUF
NATURSYSTEME
Seite 126

3-SEKUNDEN-BIOGRAFIEN
ARTHUR TANSLEY
1871–1955
Britischer Botaniker, der den Begriff »Ökosystem« prägte und die Bedeutung von Energie- und Nährstoffkreisläufen hervorhob

GEORGE EVELYN HUTCHINSON
1903–1991
Amerikanischer Ökologe, der mit seinen experimentellen Forschungen zu Ökosystemen von Seen aufzeigte, wie sich die Energie zwischen den Trophieniveaus bewegt

30-SEKUNDEN-TEXT
Claire Asher

Die Welt besteht aus unzähligen biologischen Mikrowelten, die mit der physikalischen Umgebung verbunden sind.

WÄLDER
30 Sekunden Klima

Wälder zeichnen sich gegenüber

der Baumsavanne und der Savanne durch ein dichtes Baumkronendach aus. Sie werden in fünf Stockwerke unterteilt: Wurzel-, Moos-, Kraut-, Strauch- und Baumschicht. Die Waldökosysteme unterscheiden sich je nach Umgebungstemperatur, Niederschlägen und Breitengrad stark voneinander. In den Polargebieten wachsen boreale Wälder mit Nadelbäumen wie Kiefern und Fichten, in mittleren Breitengraden gemäßigte Wälder, meist Mischwälder mit Laub- und Nadelbäumen und wenig Unterholz, während eine Vielfalt von tropischen Wäldern, darunter Monsunwälder, überflutete Wälder und Nebelwälder für äquatoriale Regionen prägend ist. Die Höhe über dem Meeresspiegel wirkt sich ähnlich aus wie der Breitengrad: »Himmelsinseln« mit kälteren Bedingungen beherbergen isolierte Populationen und fördern die Herausbildung neuer Arten. Die ältesten Wälder auf der Erde werden auf das Oberdevon (vor 382 bis 372 Millionen Jahren) datiert. Damals breitete sich ein baumartiger Farn namens Archaeopteris über die ganze Welt aus, eine Laubpflanze, die jedes Jahr ihre Blätter verlor, die als Dünger dienten. Wälder absorbieren atmosphärischen Kohlenstoff und verwandeln ihn in Pflanzenmaterial. Sie fungieren somit als Kohlenstoffsenke, die die Folgen der Treibhausgasemissionen des Menschen dämpft. Bei der Entwaldung gelangt dagegen Kohlenstoff zurück in die Atmosphäre.

3-SEKUNDEN-EREIGNIS
Wälder sind das häufigste Ökosystem auf dem Festland der Erde. Sie bedecken etwa 30 Prozent der Landfläche und sind für 75 Prozent der Photosynthese an Land verantwortlich.

3-MINUTEN-ZYKLUS
Ungestört entwickeln sich Ökosysteme in einem als Sukzession bezeichneten Prozess. Dabei ebnen die in jeder Phase vorhandenen Arten neuen Gesellschaften den Weg. So besiedeln Flechten den nackten Fels und fördern die Humusbildung, sodass Pflanzen Wurzeln schlagen können. Bei Grasland und vielen anderen Land-Ökosystemen gipfelt die Sukzession in einem Waldökosystem. Kleine, regelmäßige Störungen wie weidende Tiere oder Dürren, Stürme, Waldbrände und Abholzung können dazu führen, dass dieser stabile Endpunkt nicht erreicht wird.

VERWANDTE THEMEN
KLIMAZONEN
Seite 20

ÖKOSYSTEME
Seite 72

CARBON BUDGET
Seite 80

3-SEKUNDEN-BIOGRAFIEN
DIETRICH BRANDIS
1824–1907
Deutsch-britischer Botaniker, der als Pionier der Waldbewirtschaftung und -erhaltung sowie als Vater der tropischen Forstwirtschaft gilt

FREDERIC CLEMENTS
1874–1945
Amerikanischer Pflanzenökologe, der postulierte, dass Ökosysteme einer Sukzession folgen, deren Endpunkt bei ungestörter Entwicklung eine stabile Klimaxvegetation ist

30-SEKUNDEN-TEXT
Claire Asher

Laub-, Nadel- und Mischwälder bedecken etwa ein Drittel der Landfläche auf unserem Planeten.

MIKROKLIMATE
30 Sekunden Klima

3-SEKUNDEN-EREIGNIS
Als Mikroklima bezeichnet man lokal begrenzte atmosphärische Bedingungen in der Nähe der Erdoberfläche, die sich von denen in der Umgebung unterscheiden.

3-MINUTEN-ZYKLUS
Die Menschen nutzen das Mikroklima seit Langem – nicht nur in der Landwirtschaft, sondern auch in den Städten. Stadtplaner können beispielsweise die kühlende Wirkung von Gewässern auf ihre unmittelbare Umgebung nutzen, die Straßenränder im Interesse einer höheren Energieeffizienz umsichtig bepflanzen und die Abstände zwischen den Gebäuden für eine bessere Belüftung vergrößern. So haben es die Stadtbewohner im Sommer kühler und im Winter wärmer.

Der Begriff »Mikroklima« wird seit den Fünfzigerjahren zur Beschreibung der Temperatur, Feuchtigkeit und Luftbewegung eines kleinen Gebiets verwendet, wenn diese Werte sich von denen der Umgebung deutlich unterscheiden. Lokal begrenzte Schwankungen in Bezug auf den Boden wie Neigung, Erscheinung, Typ, Nutzung und Vegetation verändern im Verbund den Austausch von Strahlung, Wärme und Feuchtigkeit zwischen Oberfläche und Atmosphäre. Daraus resultiert auf den Landflächen der Erde ein Flickenteppich aus Mikroklimaten, in denen jeweils andere Pflanzen ideale Wachstumsbedingungen vorfinden. So wachsen in Landwirtschaftsgebieten Getreide, Raps und Mais, die das von oben gut erkennbare Feldermosaik bilden, jeweils bis auf eine bestimmte Höhe über Meer und verändern die lokalen Windverhältnisse nur geringfügig, während Weinberge und Obstgärten bevorzugt an sonnenverwöhnten Hängen gepflanzt werden. In Städten absorbieren die beim Bau von Straßen und Gebäuden verwendeten Materialien wie Asphalt und Ziegelsteine tagsüber Sonnenenergie und geben nachts langsam wieder Wärme ab. So entsteht eine »städtische Wärmeinsel«, deren Intensität innerhalb der Stadt unterschiedlich ausfällt. Das Mikroklima betrifft nur den Bereich bis wenige Meter über dem Boden: In höheren Lagen verwischen Unterschiede in Temperatur, Feuchtigkeit und Luftbewegung durch atmosphärische Vermischung und umfangreichere atmosphärische Prozesse.

VERWANDTE THEMEN
STADTKLIMATE
Seite 78

GLOBALE ERWÄRMUNG
Seite 112

3-SEKUNDEN-BIOGRAFIEN
RUDOLF GEIGER
1894–1981
Deutscher Klimatologe, dessen grundlegendes Werk zur Mikroklimatologie *Das Klima der bodennahen Luftschicht* 1927 erschien

JOHN MONTEITH
1929–2012
Britischer Agrarmeteorologe, der bei der Modellierung der Evapotranspiration und des Mikroklimas von Pflanzen biophysikalische Prozesse mitberücksichtigte

30-SEKUNDEN-TEXT
Sue Grimmond

Die Erdoberfläche ist ein Flickenteppich aus Geländeformen und Vegetationstypen, die ein jeweils eigenes Mikroklima erzeugen, das die Menschen zu ihrem Vorteil nutzen können.

STADTKLIMATE

30 Sekunden Klima

3-SEKUNDEN-EREIGNIS
In den Städten herrscht aufgrund der Materialbeschaffenheit der dortigen Oberflächen sowie der Wärme- und Treibhausgasemissionen ein anderes Klima als im ländlichen Umland.

3-MINUTEN-ZYKLUS
Luke Howard, ein Pionier der Stadtklimaforschung, legte in seinem 1818–1819 erschienenen, zunächst zweibändigen Werk *The Climate of London* seine täglichen Beobachtungen von Windrichtung, Luftdruck, Höchsttemperatur und Niederschlägen in aller Ausführlichkeit dar. Er gehörte zu den Ersten, die vom »städtischen Wärmeinseleffekt« Notiz nahmen, und zeigte auf, dass die Lufttemperaturen in London höher ausfielen als im ländlichen Umland. Seine Erklärung für diese städtische Erwärmung erwies sich später weitgehend als richtig.

Das Gros der Weltbevölkerung wohnt heute in Städten, und der Anteil dürfte bis 2050 weiter bis auf 65–70 Prozent ansteigen. Die Materialien, aus denen Gebäude, Straßen und andere städtische Infrastruktur bestehen, verändern im Verbund mit der laufend wandelnden Form der städtischen Oberfläche den Energie- und Wasseraustausch sowie den Luftstrom. Wärme-, CO_2- und Schadstoffemissionen aus Gebäuden und dem Verkehr tragen ebenfalls zu einem ausgeprägten Stadtklima bei, das die Städte wärmer und trockener und die Luftqualität schlechter macht als in den umliegenden ländlichen Gebieten. Gebäude stören, kanalisieren und beschleunigen den Luftstrom. Die erhöhte Luftaufnahme, die durch die zusätzliche Wärme und die Auswirkungen hoher Gebäude entsteht, erzeugt Konvektion sowie Wolken und beeinflusst die Niederschläge. Die Stadt bildet eine »städtische Wärmeinsel«: Die Luft ist dort um durchschnittlich ein bis drei Grad wärmer als im Umland – unter bestimmten Bedingungen sind es auch mehr als zehn Grad. Deshalb sind die Auswirkungen der Städte auf das lokale Klima größer als die des prognostizierten weltweiten Klimawandels. Dies erhöht die Anfälligkeit der Stadtbewohner für die negativen Folgen globaler Umweltveränderungen erheblich. Ein Umdenken bei der architektonischen Stadtplanung und im Verkehr sowie die Verringerung der Umweltverschmutzung könnten die umfassende Verschlechterung der Umwelt sowohl direkt als auch indirekt abmildern.

VERWANDTE THEMEN
WÄRMESTRAHLUNG & TREIBHAUSEFFEKT
Seite 38

MIKROKLIMATE
Seite 76

GLOBALE ERWÄRMUNG
Seite 112

3-SEKUNDEN-BIOGRAFIEN
LUKE HOWARD
1772–1864
Britischer Amateur-Meteorologe, der sein Leben der Erforschung von Klima- und Atmosphärenphänomenen widmete

WILLIAM P. LOWRY
1927–1998
Bioklimatologe, der die Rahmenbedingungen für die Einschätzung des Einflusses städtischer Gebiete auf die Temperatur und andere atmosphärische Phänomene formulierte

30-SEKUNDEN-TEXT
Sue Grimmond

Die Temperatur in einer Stadt ist nicht konstant: In der Mitte bleibt es auch nachts wärmer, und nahe Gewässer mildern starke Hitze und Kälte ab.

DER KOHLENSTOFF-KREISLAUF

30 Sekunden Klima

VERWANDTE THEMEN
WÄRMESTRAHLUNG &
TREIBHAUSEFFEKT
Seite 38

KLIMAFAKTOREN
& STRAHLUNGSANTRIEB
Seite 116

KLIMAPROGNOSEN
Seite 134

AUF DEM WEG ZUR
KLIMANEUTRALITÄT
Seite 136

3-SEKUNDEN-EREIGNIS
Unter »Kohlenstoffkreislauf« versteht man den Austausch von Kohlenstoff zwischen Erdatmosphäre, Ozeanen, Biosphäre und geologischen Speichern durch natürliche Prozesse und Zutun des Menschen.

3-MINUTEN-ZYKLUS
Seit der Industriellen Revolution ist die CO_2-Konzentration in der Atmosphäre durch Verbrennung fossiler Brennstoffe, Entwaldung und weitere Aktivitäten des Menschen um über 40 Prozent gestiegen. Es wären jedoch doppelt so viel, hätten nicht Ozeane, Pflanzen und Festlandboden etwa die Hälfte unserer Kohlenstoffemissionen aus der Atmosphäre entfernt. Im weiteren Verlauf des Klimawandels wird dies voraussichtlich in immer geringerem Maß der Fall sein, sodass sich dessen Auswirkungen weiter verstärken.

Der Kohlenstoff auf der Erde ist zum größten Teil stabil in geologischen Speichern wie Kalkstein eingeschlossen. Physikalische, biologische und chemische Prozesse, die von Pflanzen, Tieren und dem Menschen verursacht werden, sorgen für den aktiven Austausch einer geringen, aber lebenswichtigen Menge zwischen der Atmosphäre, den Ozeanen und der Biosphäre. In der Atmosphäre liegt der Kohlenstoff überwiegend in Form von CO_2, dem nach Wasserdampf zweitwichtigsten Treibhausgas vor, ferner auch in Form von Methan und anderen Kohlenstoffverbindungen, die ebenfalls als starke Treibhausgase gelten und für die Atmosphärenchemie von großer Bedeutung sind. Etwa ein Viertel des CO_2 wird durch Pflanzen, die Photosynthese betreiben, und die Auflösung an der Meeresoberfläche entfernt. Allerdings werden fast dieselben Mengen durch Atmung und Waldbrände in Form von CO_2, das der Auflösung an der Meeresoberfläche entgeht, in die Atmosphäre freigesetzt. So entsteht ein gewaltiger jährlicher Kohlenstoffkreislauf. Das Klima der Erde hängt eng mit dem Kohlenstoffzyklus zusammen. Bei einer Veränderung des CO_2-Gehalts der Atmosphäre ändert sich die Stärke des Treibhauseffekts, während Klimaveränderungen das Gleichgewicht zwischen dem von den Ozeanen und der Biosphäre aufgenommenen CO_2 einerseits und dem freigesetzten CO_2 andererseits stören. Menschliche Aktivitäten führen stets zu einem CO_2- und Methananstieg in der Atmosphäre.

3-SEKUNDEN-BIOGRAFIE
INEZ FUNG
geb. 1949
In Hongkong aufgewachsene amerikanische Klimatologin, die die terrestrische Kohlenstoffsenke herleitete und dafür sorgte, dass sie Eingang in Klimamodelle fand

30-SEKUNDEN-TEXT
Heather D. Graven

Einen Teil des Kohlenstoffs, mit dem der Mensch die Atmosphäre anreichert, entfernt der natürliche Kohlenstoffzyklus zwischen Atmosphäre, Ozean, Pflanzen und Böden.

20 April 1928
Geburt in Scranton, Pennsylvania, USA

1948
Bachelor in Chemie an der University of Illinois

1953
Antritt einer Postdoc-Stelle am California Institute of Technology (Caltech) in Pasadena

1954
Promotion in Chemie an der Northwestern University, Illinois

1956
Forscher an der *Scripps Institution of Oceanography* in San Diego

1958
Beginn der kontinuierlichen Überwachung des CO_2-Gehalts in der Atmosphäre am Mauna-Loa-Observatorium auf Hawaii

1961
Veröffentlichung der Daten zum steigenden CO_2-Gehalt in der Atmosphäre, abgebildet in der sogenannten Keeling-Kurve

1981
Second Half-Century Award der Amerikanischen Meteorologischen Gesellschaft

1997
Verleihung einer Auszeichnung für »vierzigjährige herausragende wissenschaftliche Forschung bezüglich der Überwachung des CO_2-Gehalts in der Atmosphäre« durch Vizepräsident Al Gore im Weißen Haus

2002
Verleihung der Nationalen Wissenschaftsmedaille durch Präsident George W. Bush

20. Juni 2005
Tod in Montana, USA

CHARLES DAVID KEELING

Der amerikanische Geochemiker

Charles David Keeling legte als Erster schlüssige Beweise für den kontinuierlichen Anstieg des CO_2-Gehalts in der Atmosphäre vor. Seine sogenannte Keeling-Kurve wird heute weltweit zur Veranschaulichung der Hauptursache des menschengemachten Klimawandels verwendet. Keeling arbeitete am Mauna Loa Observatorium auf Hawaii, das über die längsten kontinuierlichen Aufzeichnungen des Kohlenstoffdioxid-Gehalts der Atmosphäre und damit über eine wichtige Grundlage für die moderne Klimaforschung verfügt.

Dank einer Projektförderung im Rahmen des Internationalen Geophysikalischen Jahres konnte Keeling 1958 seine Atmosphärenforschungen am Vulkan Mauna Loa auf Hawaii aufnehmen. Die vorherrschenden Winde tragen gut gemischte Luft aus der Troposphäre, der Atmosphärenschicht, die 99 Prozent des Wasserdampfs und der Aerosole enthält, hierher, deren Qualität mitten im Pazifik nicht durch den verfälschenden Einfluss naher Städte beeinträchtigt wird.

Schon nach zwei Jahren Datensammeln auf Hawaii hatte Keeling große saisonale Schwankungen des CO_2-Gehalts entdeckt, der gegen Ende des Winters in der nördlichen Hemisphäre einen Höhepunkt erreichte, um danach wieder zu sinken, weil die Pflanzen für ihr Frühjahrswachstum vermehrt CO_2 aufnehmen. Keelings Daten belegten, dass die Nordhalbkugel aufgrund der wesentlich größeren Land- und entsprechend größeren Pflanzenmasse einen bestimmenden Einfluss auf den CO_2-Gehalt hat: Die dortigen saisonalen Schwankungen prägen die globalen atmosphärischen Muster.

Aber Keelings Messungen ließen auch einen signifikanten Trend erkennen, den er 1961 öffentlich machte: Der CO_2-Gehalt in der Atmosphäre nimmt von Jahr zu Jahr stetig zu. Von der Eröffnung der Sternwarte bis zu Keelings Tod im Jahre 2005 stieg der CO_2-Gehalt der Atmosphäre bei Mauna Loa von 315 ppm auf 380 ppm. Dieser Anstieg steht im Zusammenhang mit den Emissionen fossiler Brennstoffe und liefert einen der stichhaltigsten Beweise für den globalen Klimawandel.

Claire Asher

BEOBACHTUNG & MODELLIERUNG

El Niño Eine der drei Phasen von ENSO (El Niño/Southern Oscillation), einem komplexen, gekoppelten Zirkulationssystem von Meeresströmung und Winden. El Niño (»der Junge«) bezieht sich dabei auf die warme Phase des Zyklus mit wärmeren Oberflächentemperaturen im mittleren und östlichen tropischen Pazifik.

Global Atmosphere Watch (GAW) 2012 von der Weltorganisation für Meteorologie begründetes Programm mit einem weltumspannenden Netz von Stationen zur Beobachtung von Tendenzen in der Erdatmosphäre. Diese Stationen liefern zuverlässige Daten über die weltweite chemische Zusammensetzung der Atmosphäre und überwachen die natürliche und menschengemachte Veränderung. Beobachtungsschwerpunkte von GAW sind Aerosole, Treibhausgase, Ozon, UV-Strahlung und Fällung. *Siehe* Weltorganisation für Meteorologie.

Isotop Ein bestimmtes chemisches Element weist stets dieselbe Anzahl Protonen, jedoch nicht selten eine unterschiedliche Anzahl Neutronen auf. Moleküle mit unterschiedlichen Neutronenzahlen werden als Isotope des betreffenden Elements bezeichnet. Diese können stabil oder radioaktiv sein. Radioaktive Isotope sind instabil und verlieren allmählich Neutronen, Protonen oder Elektronen und zerfallen mit vorsehbarer Geschwindigkeit zu einem anderen Isotop oder Element. Stabile Isotope erfahren dagegen im Laufe der Zeit keine solchen Veränderungen und erlauben deshalb Rückschlüsse auf vergangene Umweltbedingungen. Sauerstoff kommt beispielsweise stabil in Form von zwei Isotopen vor: als ^{16}O und weniger häufig als ^{18}O. In einem wärmeren Klima steigt der ^{18}O-Gehalt in der Atmosphäre tendenziell an, sodass das Verhältnis der in Eisbohrkernen eingeschlossenen Sauerstoffisotope über die Temperaturverhältnisse zur Zeit der Bildung des Eises Auskunft gibt.

Magnetosphäre Einflussraum des Magnetfeldes eines Himmelskörpers. Die Erde besitzt ein Dipolfeld, das an den Polen am stärksten ist. Außerhalb der Magnetosphäre sind Teilchen dem Magnetfeld der Sonne ausgesetzt. Die Magnetosphäre der Erde wird durch Sonnenwinde verzerrt, sodass sie auf der der Sonne zugewandten Seite abgeflacht ist und auf der gegenüberliegenden einen Schwanz bildet.

Metadata Sämtliche Daten einer Datenbank enthalten zugehörige Metadaten mit Angaben dazu, wer die Daten gesammelt hat, wann, wo und wie sie gesammelt wurden und Ähnlichem. Metadaten sind für die Kontextualisierung der gesammelten Daten unerlässlich.

Sonde Übermittelt automatisch Daten über ihre Umgebung. Funksonden werden auf Wetterballons verwendet, um Daten über die Struktur der Atmosphäre auf verschiedenen Ebenen zu sammeln und diese Daten mittels Funkwellen an einen Bodenempfänger auf der Erde weiterzugeben. *Siehe* Funk-Telemetrie.

Stratosphäre Die Atmosphärenschicht über der Troposphäre, die sich von der Tropopause in etwa 15 Kilometern bis zur Stratopause in etwa 50 Kilometern Höhe erstreckt. Ihre Bildung ist das Ergebnis der Absorption der ultravioletten Sonnenstrahlung durch Ozon und molekularen Sauerstoff. Die Temperatur steigt in der Stratosphäre mit zunehmender Höhe an, sodass sie eine sehr stabile Region ist.

Troposphäre Die unterste Schicht der Erdatmosphäre, in der die meisten Wetteraktivitäten stattfinden. Die Troposphäre ist der dichteste Teil der Atmosphäre und enthält mindestens 75 Prozent der Luftmasse und 99 Prozent des Wasserdampfs sowie der Aerosole. Sie erstreckt sich in den Tropen bis in eine Höhe von etwa 18 Kilometern über der Erdoberfläche, in den Polarregionen dagegen nur bis in acht Kilometer Höhe. Die Temperatur nimmt in der Troposphäre mit zunehmender Höhe ab. Der Übergang zwischen der Troposphäre und der darüber liegenden warmen und stabilen Stratosphäre wird als Tropopause bezeichnet.

Telemetrie Als Telemetrie bezeichnet man die automatisierte Erfassung von Daten an abgelegenen oder unzugänglichen Orten und deren drahtlose Übertragung an eine zentrale Empfangsstation. Die Radiotelemetrie nutzt Funkwellen zur Übertragung der Daten.

Südliche Oszillation Steht für die atmosphärischen Zusammenhänge von ENSO (El Niño/Southern Oscillation). Die von ENSO hervorgerufenen Temperaturschwankungen der Meeresoberfläche sind im tropischen Pazifik mit atmosphärischen Druckänderungen von Osten nach Westen verbunden. Höhere Meeresoberflächentemperaturen während der El-Niño-Phase wirken sich auf Windstärke und -richtung aus. Während der als La Niña bekannten Phase sinkt die Meerwassertemperatur, und die östlichen äquatorialen Winde werden stärker. Der ENSO-Zyklus ist unregelmäßig und pendelt im Durchschnitt alle drei bis sieben Jahre von El Niño zu La Niña und zurück.

Weltorganisation für Meteorologie (WMO) Die 1950 gegründete UNO-Organisation hat zum Ziel, die Zusammenarbeit und Koordination bei der Überwachung des Zustands und Verhaltens der Erdatmosphäre und ihrer Wechselwirkungen mit Land und Ozeanen zu fördern. Die WMO umfasst 191 Mitgliedsstaaten und Territorien. Es unterhält ein globales Netzwerk von bemannten und automatischen Wetterstationen, die in einem globalen Beobachtungssystem koordiniert sind.

WETTERSTATIONEN

30 Sekunden Klima

VERWANDTE THEMEN
SATELLITEN
Seite 90

BALLONS, FLUGZEUGE
& RAKETEN
Seite 92

DATENERHEBUNG
Seite 98

3-SEKUNDEN-EREIGNIS
Die auf der ganzen Erde auf dem Festland und zu Wasser verteilten Wetterstationen ermöglichen als globales Beobachtungsnetzwerk genauere Wettervorhersagen und setzen uns über Klimaänderungen in Kenntnis.

3-MINUTEN-ZYKLUS
Schon in der Renaissance kamen Instrumente zur Messung der Atmosphäre zum Einsatz. Netze von Wetterstationen wurden jedoch erst mit der weltumspannenden Telegrafenkommunikation möglich. 1860 führte der britische Vizeadmiral Robert FitzRoy mithilfe der neuen Telegrafentechnik Beobachtungen aus ganz Großbritannien zusammen und erstellte die ersten synoptischen Wetterkarten mit Sturmwarnungen. Seitdem bilden die Daten der Wetterstationen den Schlüssel zur Meteorologie.

Derzeit liefern weit über 10 000

Wetterstationen an Land und eine ähnliche Anzahl von Schiffen und Bojen über die Weltmeere verteilt ununterbrochen meteorologische Informationen. Die meisten messen dazu Druck, Temperatur, Luftfeuchtigkeit, Windgeschwindigkeit und -richtung, andere zusätzlich auch Wolkenbedeckung, Sichtbarkeit und Luftqualität. Die Weltorganisation für Meteorologie (WMO) beaufsichtigt dieses weltweite Netzwerk aus Wetterstationen, die von den einzelnen Partnerländern bereitgestellt werden. Dank der Zusammenführung der Daten und deren Verarbeitung im Rahmen von Computermodellen können Wetterdienste bessere Prognosen erstellen. In früheren Zeiten wurden die Daten manuell erfasst, was an einigen Orten noch heute der Fall ist, aber in der Regel erfolgen die Messungen und die Archivierung der Daten heute automatisiert. Das Radar erfasst Niederschläge und unterscheidet diese nach ihrer Form: Regen oder solche in gefrorenem Zustand. Heute verfügen viele Länder auch über ein Radarnetzwerk, das wertvolle Daten für Meteorologen und die breite Öffentlichkeit zur Verfügung stellt und über Wetter-Apps genutzt werden kann. Weitere Netzwerke sammeln Daten zum atmosphärischen Wandel. So überwacht das Programm *Global Atmosphere Watch* den CO_2- und Methangehalt der Atmosphäre und dezentrale Netzwerke kontrollieren die Luftqualität in städtischen Gebieten.

3-SEKUNDEN-BIOGRAFIE
VIZEADMIRAL ROBERT FITZROY
1805–1865
Offizier der britischen Royal Navy, Kapitän des Forschungsschiffs HMS Beagle, auf dem Charles Darwin wertvolle Erkenntnisse sammelte; gründete das spätere Met Office

30-SEKUNDEN-TEXT
Hugh Coe

Wetterstationen liefern seit Langem meteorologische Daten. Die Stationen sind mittlerweile weltweit vernetzt und ermöglichen globale Wetter- und Klimavorhersagen.

SATELLITEN

30 Sekunden Klima

Dank der Instrumente an Bord

von Satelliten können wir die Temperaturen an der Meeresoberfläche oder die Bewölkung und Niederschläge messen, globale und regionale Temperaturänderungen überwachen sowie die Auswirkungen von Schadstoffen in der Atmosphäre verstehen. Die Satelliten gewinnen ihre Daten, indem sie die Strahlung, die von der Erdoberfläche oder der Atmosphäre abgegeben wird sowie das von der Erde reflektierte Sonnenlicht messen. Einige Satelliten sind geostationär, umkreisen also die Erde mit derselben Geschwindigkeit, mit der sich die Erde dreht, und beobachten somit stets denselben Teil der Erdoberfläche. Satelliten auf einer Polarbahn umkreisen die Erde in geringerer Höhe und bilden daher die Atmosphäre mit einer höheren Auflösung ab als geostationäre Satelliten. Sie liefern jedoch kein kontinuierliches Bild der Atmosphäre, da ihre Bahn von Pol zu Pol führt, während die Erde sich dreht. Die Erdatmosphäre lässt Licht mit bestimmten Wellenlängen ganz ohne es zu absorbieren durch, während Licht anderer Wellenlängen von Gasen, Partikeln oder Wolken absorbiert oder gestreut wird. Wie viel Infrarotstrahlung Oberfläche und Atmosphäre emittieren, hängt von der Temperatur ab. Die verschiedenen Wechselwirkungen von Licht mit der Atmosphäre geben Aufschluss über die vertikale Struktur von Temperatur, Wasserdampf und Spurengasen.

3-SEKUNDEN-EREIGNIS

Den Satelliten verdanken wir den ständigen, weltumspannenden Blick auf unsere Atmosphäre. Sie sind heute unverzichtbare Instrumente, wenn es darum geht, Wettersysteme und den globalen Klimawandel zu überwachen.

3-MINUTEN-ZYKLUS

Globale Temperaturkarten der Atmosphäre werden seit vier Jahrzehnten nach Satellitendaten angefertigt und liefern ein detailliertes Bild des globalen und regionalen Wandels in der Atmosphäre. Die Satellitenmessungen belegen mit annähernder Sicherheit, dass die Temperaturen der unteren Atmosphäre angestiegen sind, während sich die untere Stratosphäre seit der Mitte des letzten Jahrhunderts abgekühlt hat. Der größte Anstieg der Oberflächentemperatur ist dabei für die Arktis zu beobachten.

VERWANDTE THEMEN

WETTERSTATIONEN
Seite 88

BALLONS, FLUGZEUGE
& RAKETEN
Seite 92

DATENERHEBUNG
Seite 98

GLOBALE ERWÄRMUNG
Seite 112

3-SEKUNDEN-BIOGRAFIE

JAMES VAN ALLEN
1914–2006
Amerikanischer Raumfahrtpionier, der sich für den Einbau von wissenschaftlichen Instrumenten an Bord von Satelliten einsetzte. Der Van-Allen-Strahlungsgürtel in der Magnetosphäre der Erde ist nach ihm benannt

30-SEKUNDEN-TEXT

Hugh Coe

Satelliteninstrumente messen für das Wetter und Klima wesentliche Atmosphärenparameter rund um den Globus, sodass wir unsere Modelle laufend verbessern können.

BALLONS, FLUGZEUGE & RAKETEN

30 Sekunden Klima

Die Erdatmosphäre ist sowohl in vertikaler als auch in horizontaler Hinsicht sehr unterschiedlich. 1750 ließ Benjamin Franklin einen Drachen in eine Wolke steigen und zeigte auf, dass Blitze eine elektrische Entladung sind. Später wurde die Atmosphäre in verschiedenen Höhen mit Flugapparaten untersucht. Die Telemetrie ließ in den 1930er-Jahren ein Netzwerk von Ballonsondenstationen entstehen, die Informationen zum vertikalen Aufbau der Atmosphäre lieferten. Andere Ballonsysteme sind tage- oder wochenlang in konstanter Höhe in der oberen Troposphäre oder Stratosphäre im Einsatz. Seit dem Zweiten Weltkrieg sind dafür auch Flugzeuge im Einsatz. Die Flüge sind zwar teuer und dauern nur wenige Stunden, aber Flugzeuge mit ihren hohen Nutzlasten können hoch entwickelte Instrumente mitführen, die Wolken, Dynamik der Atmosphäre und Umweltverschmutzung bis in Details untersuchen und so zum besseren Verständnis wichtiger Prozesse in Wetter- und Klimamodellen beitragen. Unbemannte Flugzeuge sind bisher noch meist klein, werden jedoch immer größer und könnten bemannte einmal völlig ersetzen. Suborbitalraketen kommen seit Längerem zum Einsatz, um den Aufbau der oberen Atmosphäre zwischen den Flughöhen von Ballons und Satelliten zu untersuchen. Aufgrund der Höhen, die sie erreichen, und der vergleichsweise geringen Betriebskosten setzt man sie auch zum Testen von Satelliteninstrumenten vor dem Normalbetrieb ein.

3-SEKUNDEN-EREIGNIS
Mit Ballons, Flugzeugen und Raketen werden seit Längerem die vertikale Struktur der Atmosphäre, Wolken und darin enthaltene Schadstoffe untersucht.

3-MINUTEN-ZYKLUS
In den späten Achtzigerjahren maßen Forschungsflugzeuge, eine DC-8 und eine ER-2 der NASA, die chemische Zusammensetzung der Stratosphäre über der Antarktis, um den Gründen für den verheerenden Ozonrückgang im Frühjahr nachzugehen. Die Messungen ergaben, dass das antarktische Ozonloch durch katalytische Bildung reaktiver Chlorverbindungen auf der Oberfläche von Eispartikeln bei sehr niedrigen Temperaturen entstanden war. Ohne unmittelbare Beobachtungen können wir uns oft kein realitätsnahes Bild von den mechanischen Vorgängen machen.

VERWANDTE THEMEN
WETTERSTATIONEN
Seite 88

SATELLITEN
Seite 90

DATENERHEBUNG
Seite 98

GLOBALE ERWÄRMUNG
Seite 112

3-SEKUNDEN-BIOGRAFIE
JOHN JEFFRIES
1745–1819
Amerikanischer Arzt und Militärchirurg der Britischen Armee während des amerikanischen Revolutionskrieges, der nach der Unabhängigkeit der USA nach Großbritannien reiste und dort 1784 die ersten dokumentierten Wetterbeobachtungen aus einem Ballon machte

30-SEKUNDEN-TEXT
Hugh Coe

Ballons lieferten schon früh Informationen zur vertikalen Schichtung der Atmosphäre. Flugzeuge und Raketen erweiterten unsere Kenntnisse enorm.

KLIMAMODELLE

30 Sekunden Klima

Klimamodelle beschreiben mit-

hilfe mathematischer Gleichungen, wie sich das Wetter – Temperatur, Druck, Niederschläge und Wind – im Laufe der Zeit ändert. Dazu werden Erdatmosphäre und Ozeane in Millionen von Würfel unterteilt, die jeweils einen Bereich der Erdoberfläche mit der Atmosphäre darüber in ihrer gesamten Höhe sowie die Ozeane in ihrer ganzen Tiefe umfassen. Es existieren verschiedene Klimamodelle, die sich in ihrer Komplexität und der Größe der Würfel unterscheiden (kleinere Würfel erfordern mehr mathematische Berechnungen). Die anspruchsvollsten Modelle bestehen heute aus über einer Million Codezeilen und laufen als Programme auf den größten Supercomputern der Welt. Mit dem rasanten Fortschritt der Computertechnologie lassen sich heute Wetter und Klima auf kleinerem Raum, also mit deutlich größerem Rechenaufwand, simulieren. Kein Klimamodell ist jedoch perfekt, denn sie beruhen alle auf Annäherungen. So zeigen sie insbesondere bei Ereignissen, deren Größenordnung die der Würfel unterschreitet wie Wolken, ihre Schwächen. Klimamodelle werden vor allem im Rahmen von Experimenten verwendet, beispielsweise um die Veränderungen beim Wetter nach dem Ausbruch eines großen Vulkans oder bei einer Zunahme des CO_2-Gehalts in der Atmosphäre zu verstehen. Dank dieser Modelle können wir auch Phänomene wie El Niño, der in den gefährdeten Regionen mitunter extreme Wetterbedingungen verursacht, begreifen und vorhersagen.

3-SEKUNDEN-EREIGNIS
Klimamodelle sind komplexe Computerprogramme, die physikalische, chemische und biologische Prozesse in der Erdatmosphäre, im Ozean, im Eis und auf der Landfläche simulieren.

3-MINUTEN-ZYKLUS
Klimamodelle werden laufend getestet und mit Wetterbeobachtungen verglichen. Da sie sich bei der Nachbildung des Klimas in der Vergangenheit als verlässlich erwiesen haben, erstellen Klimatologen damit auch Vorhersagen für die Zukunft. Nach sämtlichen Klimamodellen wird sich das Klima als Reaktion auf die in die Atmosphäre ausgestoßenen Treibhausgase weiter erwärmen, nur ist man sich nicht einig, in welchem Maß. Klimasimulationen belegen, dass menschliche Aktivitäten zu Recht als Hauptursache der jüngsten globalen Erwärmung gelten.

VERWANDTE THEMEN
GLOBALE ERWÄRMUNG
Seite 112

EXTREMEREIGNISSE
Seite 120

KLIMAPROGNOSEN
Seite 134

3-SEKUNDEN-BIOGRAFIEN
LEWIS FRY RICHARDSON
1881–1953
Britischer Meteorologe, der 1922 in einem Buch die numerische Wettervorhersage mithilfe eines Schachbrettmusters präsentierte

NORMAN A. PHILLIPS
1923–2019
Amerikanischer Meteorologe, der ein mathematisches Modell ausarbeitete – das erste brauchbare Klima-Kreislaufmodell

30-SEKUNDEN-TEXT
Ed Hawkins

Die Simulation möglicher Zukunftsszenarien liefert Entscheidungsträgern wichtige Informationen für die Einschätzung klimapolitischer Optionen.

21. September 1931
Geburt in der Präfektur
Ehime, Japan

1958
Promotion in Meteorologie
an der Universität Tokio

1963
Antritt einer Stelle bei der
*US National Oceanic
and Atmospheric Adminis-
tration* (NOAA)

1967
Veröffentlichung eines
wegweisenden Computer-
modells der Erdatmosphäre

1975
3-D-Computersimulation
ozeanischer und atmosphä-
rischer Prozesse

1992
Auszeichnung mit dem
erstmals vergebenen *Blue
Planet Prize* der *Asahi
Glass Foundation*

1997
Leiter des Forschungspro-
gramms für globale Erwär-
mung am *Frontier Research
Center for Global Change* in
Japan

1998
Ausscheiden aus der NOAA,
Ruhestand

2002
Gastwissenschaftler,
Forschungsprogramm der
Atmosphären- und Ozean-
wissenschaften der
Princeton University

2018
Auszeichnung mit dem
prestigeträchtigen, von der
Königlichen Schwedischen
Akademie verliehenen
Crafoord-Preis für Geowis-
senschaften, zusammen
mit Susan Solomon

SYUKURO MANABE

Der Japaner Syukuro Manabe
entwickelte in den Sechzigerjahren die ersten
Computersimulationen der Erdatmosphäre
und später 3-D-Computermodelle, die den signifikanten Einfluss der Treibhausgaskonzentrationen in der Atmosphäre auf die Oberflächentemperatur aufzeigten. Er gilt als einer der
einflussreichsten Klimaforscher aller Zeiten.

Nach dem Studium der Meteorologie an der
Universität Tokio zog Manabe in die USA, wo er
für das *United States Weather Bureau* als Meteorologe arbeitete. Aus Enttäuschung über die
damaligen Methoden der Wettervorhersage begann Manabe mit der Entwicklung von Computermodellen, um ihre Genauigkeit zu verbessern.

1967 trat er eine Stelle am Labor für geo-
physikalische Fluiddynamik der *National Oceanic
and Atmospheric Administration* (NOAA) an, das
unter der Leitung von Joseph Smagorinsky stand.
Dort arbeitete er Computermodelle der dyna-
mischen Thermik in der Atmosphäre aus. Aufgrund der engen Grenzen, die ihm die damals verfügbaren Rechenleistung setzte, erstellte Manabe
eine eindimensionale Schichtsimulation der Atmosphäre. So fand er heraus, dass die thermische
Konvektion in der Atmosphäre in Kombination
mit den wärmeabsorbierenden Eigenschaften von
Wasserdampf und anderen Gasen ausreicht, um
die bekannten Schichten der Erdatmosphäre zu
erzeugen.

Im Rahmen eines Experiments entfernte
Manabe bestimmte Treibhausgase aus dem
Modell, um deren Wirkung besser zu verstehen.
Dabei stellte sich heraus, dass ein steigender
CO_2-Gehalt in der Atmosphäre zu höheren Temperaturen an der Erdoberfläche und in der
Troposphäre, aber niedrigeren Temperaturen in
der Stratosphäre führte. Als er sämtliche Treibhausgase aus dem Modell entfernte, reduzierte
sich die modellierte Oberflächentemperatur um
30 °C – eine weitaus größere Auswirkung als
erwartet.

In den folgenden Jahren verfeinerte und erweiterte Manabe seine Computermodelle, um
1975 schließlich sein erstes 3-D-Modell zu ver-
öffentlichen. Zu seinen wichtigsten Entwick-
lungen gehörten Computersimulationen, die
atmosphärische Prozesse mit Modellen des Oze-
ankreislaufs verknüpften, um eine vollständigere
und realistischere Projektion zu erhalten.

Auch wenn die Klimasimulationen mit zunehmender Rechenleistung erheblich komplexer
geworden sind, bilden Manabes Atmosphären-
Ozean-Modelle bis heute die Grundlage für die
meisten modernen Klimaprojektionen.

Claire Asher

DATENERHEBUNG
30 Sekunden Klima

Fragen im Zusammenhang mit

dem Klimawandel lassen sich nicht ohne historische Beobachtungen beantworten und die für das Klima relevanten Systemprozesse wie Wetter, Meeresströmungen oder Schnee- und Eisbedeckung nicht ohne aktuelle Messungen. Die Menschen beobachten das Wetter seit Jahrhunderten. Die längste ununterbrochene instrumentelle Wetteraufzeichnung stammt aus Mittelengland – für diese Region sind tägliche Messungen seit 1772 und Monatsmittel seit 1659 verfügbar. Die Temperatur und weitere Wettereigenschaften lassen sich für einige Jahrtausende vor unserer heutigen Zeit aus Baumringen und für beinahe eine Million Jahre aus Isotopen in Eisbohrkernen annähernd ableiten. Täglich werden Messwerte von Satelliten, Ballons, Radaren, Flugzeugen und meteorologischen Stationen gesammelt. Diese Beobachtungen von zahlreichen Standorten werden miteinander und mit Simulationen verglichen, um Fehler und/oder Abweichungen der Messwerte, beispielsweise aufgrund der Versetzung einer Messstelle, der Verwendung eines neuen oder der schlechteren Leistung eines alten Gerätes, zu identifizieren. Die gesammelten Daten werden in Datensätzen nach Art, Zeit und Ort der Messung zusammen mit Metadaten zu Fehlern und Abweichungen – soweit bekannt – gespeichert und für weitere Analysen durch Klimawissenschaftler aus der ganzen Welt zur Verfügung gestellt.

3-SEKUNDEN-EREIGNIS
Daten – von Rückschlüssen zu Ereignissen, die vor Jahrmillionen stattfanden, bis hin zu modernsten Messungen mit Sensoren auf Ballons oder Satelliten – sind unverzichtbar für das Verständnis unseres Klimas.

3-MINUTEN-ZYKLUS
Bei ausreichender Datenmenge kann man mit Computermodellen zwischen den Messungen interpolieren, Fehler identifizieren und hochwertigere Datensätze erzeugen. Diese sogenannte Datenassimilation kommt in der Meteorologie standardmäßig zum Einsatz. Unterscheiden sich die Messungen nach Art und Anzahl nicht wesentlich, bieten sie jedoch nur Momentaufnahmen des Klimas, denn beobachtete Veränderungen können in Wirklichkeit das Beobachtungssystem und nicht das Klima betreffen.

VERWANDTE THEMEN
KLIMAMODELLE
Seite 94

DATENVERWALTUNG
Seite 100

3-SEKUNDEN-BIOGRAFIE
GORDON VALENTINE MANLEY
1902–1980
Britischer Klimatologe, der die instrumentellen Aufzeichnungen zu den monatlichen Durchschnittstemperaturen in Mittelengland seit 1659 zusammenstellte und damit die längste standardisiert gemessene lokale Wetteraufzeichnung schuf

30-SEKUNDEN-TEXT
Bryan Lawrence

In Datensätzen zusammengefasste historische und aktuelle Beobachtungen sind von grundlegender Bedeutung für unser Verständnis des Erdklimas.

BAROMÈTRE.

Plus grande élévation.		Moindre élévation.		Élévation moyenne.	
Pouc.	Lign.	Pouc.	Lign.	Pouc.	Lign.
28.	2, 6.	28.	1, 0.	28.	1, 9.
28.	3, 9.	27.	11, 0.	28.	1, 11.
27.	9, 0.	27.	4, 3.	27.	7, 0.
28.	3, 6.	27.	10, 0.	28.	0, 7.
28.	4, 3.	27.	9, 11.	28.	2, 1.
27.	11, 0.	27.	7, 0.	. . .	
. . .		. . .		27.	10. 7.

DATEN-VERWALTUNG
30 Sekunden Klima

3-SEKUNDEN-EREIGNIS
Ohne aktive Verwaltung können Daten für zukünftige Generationen verloren gehen. Da immer mehr digitale Daten anfallen, nimmt die Bedeutung dieses Feldes ständig zu.

3-MINUTEN-ZYKLUS
Eine große Herausforderung bei der Datenverwaltung besteht darin, die Daten so aufzubereiten, dass mit unterschiedlichen Begriffen danach gesucht werden kann. Ein Meteorologe bezeichnet beispielsweise einige Messungen als »Niederschläge«, während ein Benutzer später nach »Regen«, »Schnee« oder »Hagel« sucht. Die Vokabularverwaltung, d. h. die Ausarbeitung komplexer Tabellen mit Begrifflichkeiten und deren Beziehungen zueinander (»Ontologien«), macht einen großen Teil der Datenverwaltung aus.

Klimadaten werden durch die

Analyse der Veränderungen bei Messungen – von alten handschriftlichen Temperaturaufzeichnungen bis hin zu den neuesten digitalen Satellitenbeobachtungen – gewonnen. Damit sie die Zeit überdauern, müssen sowohl Dinge wie Logbücher, Proben, digitale Daten als auch die dazugehörigen Metadaten (wer, wie und wo die Messung durchgeführt hat) sicher aufbewahrt werden. Aber mit der Erhaltung ist es nicht getan. Kuratoren, also Datenverwalter, müssen für das Verständnis von Daten und Informationen sorgen und sie auf dem neuesten Stand halten, damit Nutzer sie finden und verstehen können sowie wissen, wie man zu ihnen gelangt und sie anwendet. Bücher und Dokumente werden bereits seit Längerem von Bibliothekaren und Warenproben von Fachleuten in Museen sowie spezialisierten Labors betreut, aber dasselbe ist auch für digitale Daten erforderlich, denn sie sind überraschend gefährdet: Mehrere Kopien sind erforderlich, um das Risiko eines versehentlichen Verlusts aufgrund menschlichen Versagens oder eines Hardwareausfalls zu minimieren, und Hardware sowie Datenformate veralten (auf alter Hardware gespeicherte Daten oder solche, die veraltete Software verwenden, sind nach Upgrades nicht selten schwerer zugänglich). Der Verwaltung von Suchwerkzeugen, die zur Durchforstung gewaltiger Datenmengen imstande sind, kommt ebenfalls eine entscheidende Bedeutung zu, da digitale Daten ohne solche Tools unsichtbar werden können.

VERWANDTES THEMA
DATENERHEBUNG
Seite 98

30-SEKUNDEN-TEXT
Bryan Lawrence

Archivierte Daten sind gefährdet und könnten ohne Verwaltung und Pflege durch engagierte Kuratoren innerhalb weniger Jahre oder Jahrzehnte zu einem guten Teil verloren gehen.

KLIMAWANDEL

Eustatischer Meeresspiegel Oberfläche der Ozeane, wenn allein das Schwerefeld der Erde und die Rotationskräfte darauf einwirken. Der eustatische Meeresspiegel schwankt je nach Volumen des Ozeans. Dieses hängt seinerseits von Temperatur und Dichte des Meerwassers sowie der Menge des an Land durch natürliche Prozesse oder den Menschen (beispielsweise in Gletschern und Stauseen) gespeicherten Wassers ab.

Externer Antrieb Bezeichnung für etwas, was das Klimasystem beeinflusst, aber außerhalb des Klimasystems selbst auftritt. Beispiele für äußere Antriebe auf die Erde sind Schwankungen der Sonnenaktivität, der Erdumlaufbahn oder der Umlaufbahn des Sonnensystems um das Zentrum der Galaxie.

Geoid Form der Meeresoberfläche allein unter Einwirkung der Schwerkraft und Erdrotation, ohne Berücksichtigung des Einflusses von Wasserdichte, Wind, Strömung und Gezeiten.

Isostasie Gleichgewicht zwischen den Massen von Erdkruste und Erdmantel. Tektonische Platten treiben auf dem darunter liegenden Flüssigkeitsmantel, steigen auf, wenn Material aus der Kruste entfernt wird, und sinken ab, wenn welches hinzugefügt wird.

Klimaproxy Merkmal, dessen Messung dazu dient, einen Wert zu schätzen, der selbst nicht gemessen werden kann. Paläoklimatologen verwenden Klimaproxys wie Eisbohrkerne, Baumringe, versteinerte Pollen und Meeressedimente, um die Temperatur während bestimmter Perioden der Erdgeschichte zu schätzen und Veränderungen in der Zusammensetzung der Atmosphäre zu verfolgen.

Maunder-Minimum Als Sonnenminimum bezeichnet man die Phase des Sonnenzyklus mit der geringsten Aktivität – mit relativ wenig Sonnenflecken und Sonneneruptionen. Manchmal weisen auch mehrere aufeinanderfolgende Zyklen eine verminderte Aktivität auf und der gesamte Zyklus eine geringere Intensität. Zu diesen lang andauernden Sonnenminima gehörte das Maunder-Minimum zwischen 1645 und 1715. In dieser Zeit erreichte durchschnittlich etwa 0,1 Prozent weniger Sonnenenergie als heute die Erde, und die Oberflächentemperatur sank messbar. *Siehe* Sonnenzyklus; Sonnenflecken.

Milanković-Zyklen Neigung und Form der Erdumlaufbahn sowie die Umlaufzeit variieren in Zyklen mit einer Dauer von Tausenden bis Hunderttausenden von Jahren. Diese Milanković-Zyklen beeinflussen den Temperaturunterschied zwischen dem Nord- und Südpol sowie Zeit und Ausprägung der Jahreszeiten in beiden Hemisphären. Die Ekliptikschiefe (die Neigung der Erdachse) beträgt während eines Zyklus von 41 000 Jahren zwischen 22,1° und 24,5°, die Präzession (Richtungsänderung der Erdachse) wandert in 26 000 Jahren einmal im Kreis (360°), und die Exzentrizität der Erdumlaufbahn schwankt in Perioden von 100 000 Jahren von kreisförmig bis elliptisch.

Relativer Meeresspiegel Meeresspiegel im Verhältnis zur kontinentalen Erdkruste. Schwankt aufgrund eines veränderten Meeresvolumens oder der Bewegung tektonischer Platten.

Schneeball-Erde Hypothese, nach der sich vor ca. 650 Millionen Jahren die gesamte Erdoberfläche mit Eis überzog. Sedimentäre Gletscherablagerungen in tropischen Regionen unterstützen sie, aber sie bleibt umstritten. Nach Varianten der Hypothese soll ein Band aus Meereis und offenem Wasser den Äquator umspannt haben. Außerdem wird eine frühere Schneeball-Erde für die Zeit vor 2,4 bis 2,1 Milliarden Jahren angenommen. Solche Ereignisse wurden mit dem plötzlichen evolutionären Auftreten der Photosynthese und des mehrzelligen Lebens in Verbindung gebracht.

Sonnenbestrahlungsstärke Elektromagnetische Sonnenstrahlung pro Flächeneinheit auf der Erde, in der Regel in Watt pro Quadratmeter gemessen. Die Bestrahlungsstärke hängt von der Neigung der Erdachse, der Höhe der Sonne am Himmel sowie atmosphärischen Bedingungen ab.

Sonneneruption Plötzlicher Anstieg der Sonnenhelligkeit, verursacht durch den Ausstoß von Atomen, Elektronen, Ionen und Magnetwellen aus der Korona in den Weltraum.

Sonnenflecken Kern und Äquator der Sonne rotieren schneller als der Rest. Die daraus resultierenden Verzerrungen im Magnetfeld der Sonne können Sonnenflecken verursachen – zeitweilige Flecken auf der Sonnenoberfläche mit niedrigerer Temperatur, die normalerweise paarweise mit entgegengesetzter magnetischer Polarität auftreten. Ihr Durchmesser beträgt zwischen 16 und 160 000 Kilometern. Sie dehnen sich aus und ziehen sich zusammen, während sie über die Sonnenoberfläche wandern, und sind manchmal mit bloßem Auge sichtbar. Sonnenflecken sind im Sonnenmaximum am häufigsten und entsprechend im Sonnenminimum am seltensten. Die beiden treten in einem elfjährigen Zyklus auf.

Sonnenfleckenzyklus Die Sonnenaktivität schwankt in einem Elfjahreszyklus vom Sonnenminimum mit wenigen Sonnenflecken und -eruptionen bis zum Sonnenmaximum mit der größten Aktivität.

Strahlungsantrieb Differenz zwischen der Energie, die die Erde aus der Sonneneinstrahlung aufnimmt und in den Weltraum abstrahlt. Übersteigt die absorbierte Energie die abgestrahlte, ist der Strahlungsantrieb positiv. Ein Teil der Energie wird in der Erdatmosphare eingeschlossen, und das Klima erwärmt sich. Natürliche Faktoren wie Vulkanausbrüche oder Schwankungen der Sonneneinstrahlung, aber auch menschengemachte wie industrielle oder landwirtschaftliche Prozesse, die das Rückstrahlvermögen der Oberfläche oder die Zusammensetzung der Atmosphäre verändern, generieren Strahlungsantrieb.

PALÄOKLIMATE
30 Sekunden Klima

Klimaproxys aus der frühen Erd-

geschichte und den letzten Jahrtausenden wie Fossilien, Pollenansammlungen, Baumringe und geochemische Aufzeichnungen geben Einblick ins prähistorische Klima. Das Klima der Erde war in den letzten 4,3 Milliarden Jahren stabil genug, um das Leben nicht verschwinden zu lassen, auch wenn sie in dieser Zeit warme und kalte Epochen und sogar als Schneeball-Erde bezeichnete Perioden mit globaler Vereisung erlebte. Die Strahlungsleistung der Sonne nahm im Laufe der Sternentwicklung zu: So erhielt unser Planet vor vier Milliarden Jahren etwa 30 Prozent weniger Sonneneinstrahlung als heute. Aber trotz der schwachen Sonne war die Erdtemperatur damals aufgrund des hohen CO_2-Gehalts der Atmosphäre relativ stabil. Nach Einsetzen der Photosynthese wurde das atmosphärische CO_2 großteils durch molekularen Sauerstoff ersetzt. Dies reduzierte den Treibhauseffekt und kompensierte die zunehmende Helligkeit der Sonne. Auch vulkanische Aktivität und Verwitterung führten zu Veränderungen des atmosphärischen CO_2-Gehalts innerhalb von erdgeschichtlichen Zeiträumen. Änderungen der Kontinentalkonfiguration, der Sonnenaktivität, der Erdumlaufbahn, des Aerosolgehalts in der Atmosphäre sowie der Schnee- und Eismasse tragen zur kürzerfristigen Klimavariabilität bei. Die Paläoklimatologie ermöglicht uns eine Prognose, wie sich das Klima auf unserem Planeten als Reaktion auf bestimmte Randbedingungen verändern wird.

3-SEKUNDEN-EREIGNIS
Die Aufgabe der Paläoklimatologie besteht darin, das Erdklima von der frühesten Vorgeschichte bis in jüngere Zeiten anhand von Hinweisen in Fels, Sedimenten, Eisschilden, Fossilien und ähnlichen Ablagerungen zu erschließen.

3-MINUTEN-ZYKLUS
Die Erde hat in den letzten zwei Jahrmillionen über vierzig Kalt- und Warmzeiten-Zyklen mit wachsenden und schrumpfenden Eisschilden auf der nördlichen Hemisphäre erlebt. Periodische Schwankungen der Erdumlaufbahn verändern die saisonale und geografische Verteilung des Sonnenlichts und befördern die Erde von einer Kalt- in eine Warmzeit und umgekehrt. Die Wirkung von Eis-Albedo, atmosphärischem Staub, Wasserdampf, CO_2, Methan und Ozeanzirkulation verstärkt die orbitalen Störungen und erzeugt eine starke Klimaantwort.

VERWANDTE THEMEN
KLIMAEINFLÜSSE VON VULKANERUPTIONEN
Seite 110

KLIMAFAKTOREN & STRAHLUNGSANTRIEB
Seite 116

3-SEKUNDEN-BIOGRAFIEN
MILUTIN MILANKOVIĆ
1879–1958
Jugoslawischer Mathematiker und Astronom, der 1914 erklärte, auf welche Weise Schwankungen der Erdumlaufbahn zu Zyklen von Kalt- und Warmzeiten führen; die Milanković-Zyklen sind heute als Schrittmacher der Eiszeiten anerkannt

CESARE EMILIANI
1922–1995
Italienischer Geologe und Begründer der Paläo-Ozeanografie, der Sauerstoffisotope in Karbonatschalen in Tiefsee-Sedimentbohrkernen untersuchte und so eine detaillierte Abfolge mehrerer Kalt-Warmzeiten-Zyklen aufstellte

30-SEKUNDEN-TEXT
Shawn Marshall

Natürliche Faktoren und der Mensch führen zu mannigfaltigem Klimawandel in sehr unterschiedlichem Tempo.

KLIMAEINFLÜSSE DER SONNE
30 Sekunden Klima

3-SEKUNDEN-EREIGNIS
Eine erhöhte Sonnenaktivität und damit verbunden auch Strahlungsenergie haben vermutlich nur geringen Einfluss auf die globale Temperatur, während die regionalen Auswirkungen oft viel größer sind.

3-MINUTEN-ZYKLUS
Bei höherer Sonnenaktivität emittieren die Bereiche ihrer Oberfläche, die von Sonnenflecken bedeckt sind, weniger Strahlung, die umliegenden Bereiche dagegen mehr. Insgesamt ist die Strahlung in diesen Zeiten stärker und dies vor allem im ultravioletten Bereich des Spektrums, sodass dieser Effekt auf der Erde in der oberen Atmosphäre, in der die UV-Strahlung absorbiert wird, stärker zum Tragen kommt.

Unser Klimasystem wird durch die Energie der Sonne gesteuert, die zur Erde gelangt und sowohl in Abhängigkeit von Schwankungen der Erdumlaufbahn als auch der Sonnenstrahlung variiert. Die Erdumlaufbahn ändert sich über lange Zeiträume von Zehntausenden oder Hunderttausenden von Jahren, die Strahlungsleistung der Sonne dagegen über sehr unterschiedliche Zeiträume von Sekunden bis zu Jahrmillionen. Sonnenflecken, Magnetfeldstärke, Sonneneruptionen sowie die Menge der emittierten Strahlung lassen auf die Sonnenaktivität schließen. Diese Indikatoren ändern sich in der Regel gemeinsam, sodass beispielsweise eine höhere Anzahl von Sonnenflecken mit einer etwas höheren Strahlungsleistung einhergeht, wie der elfjährige Sonnenzyklus belegt. Gelegentlich tritt die Sonne in ein lang anhaltendes Minimum ein, eine Zeit außergewöhnlicher Inaktivität, in der sich über Jahrzehnte nur sehr wenige Sonnenflecken bilden. Eine solche Periode war das Maunder-Minimum (1645–1715) mitten in der Kleinen Eiszeit, als die von der Sonne abgestrahlte Gesamtenergie um etwa 0,1 Prozent niedriger lag als heute. Damit verbunden fiel die durchschnittliche Oberflächentemperatur der Erde vermutlich um etwa 0,1 °C. Regional dürften die Auswirkungen ausgeprägter ausgefallen sein. So weist vieles darauf hin, dass sich die Sturmbahnen in mittleren Breiten leicht in Richtung Äquator verschoben und Westeuropa bei geringer Sonnenaktivität kältere, überdurchschnittlich lange Winter erlebte.

VERWANDTE THEMEN
PALÄOKLIMA
Seite 106

GLOBALE ERWÄRMUNG
Seite 112

3-SEKUNDEN-BIOGRAFIEN
WILHELM HERSCHEL
1738–1822
Deutsch-britischer Astronom und Musiker, der für seine Entdeckung des Uranus und der Infrarotstrahlung gefeiert und für seine Studien zum Zusammenhang zwischen Sonnenflecken und Weizenerträgen verspottet wurde

JACK EDDY
1931–2009
Amerikanischer Astronom, der einen Zusammenhang zwischen Sonnenaktivität und globaler Temperatur postulierte

30-SEKUNDEN-TEXT
Joanna D. Haigh

Ein lang anhaltendes Sonnenminimum mit wenig Sonnenflecken würde die Erwärmung durch die zunehmende Treibhausgaskonzentration nur zum geringen Teil kompensieren.

KLIMAEINFLÜSSE VON VULKAN-ERUPTIONEN

30 Sekunden Klima

Explosive Vulkanausbrüche

gelten als dominanter natürlicher Faktor, der das Klimasystem über Jahrzehnte bis Jahrhunderte verändert. Das in die Stratosphäre freigesetzte Schwefeldioxid wird durch chemische Reaktionen in winzige Schwefelsäuretröpfchen umgewandelt, die das Sonnenlicht zurück ins All streuen. In der Folge sinken die Temperaturen an der Erdoberfläche meist für zwei bis drei Jahre um wenige Zehntel Grad, bis die Aerosole in die untere Atmosphäre abgesunken und ausgewaschen sind. Die jüngsten Ausbrüche mit großen Auswirkungen auf das Klima fanden in Südostasien statt: Tambora (1815), Krakatoa (1883), Pinatubo (1991). Wolken aus dem Tambora verursachten 1816 das sogenannte »Jahr ohne Sommer« mit außergewöhnlichen Regenfällen, Ernteeinbußen und Hungersnöten rund um die Welt. Explosive Vulkanausbrüche in den Tropen mit Freisetzung von Schwefel haben die verheerendsten Auswirkungen, da die atmosphärische Zirkulation das Aerosol schnell um den Globus verteilt. Asche aus Vulkanausbrüchen wirkt unmittelbarer und über kürzere Zeit auf die lokalen Temperaturen: Tagsüber fallen sie kühler und nachts wärmer aus. Die Auswirkungen der Vulkanasche auf das Klima sind jedoch im Vergleich zu den Folgen für das Land zu ihren Füßen – Asche und Schlamm aus dem Vesuv begruben 79 n. Chr. Pompeji – und auf den Flugverkehr – der Eyjafjallajökull auf Island brachte 2010 den Flugverkehr in der Region zum Erliegen – vernachlässigbar.

3-SEKUNDEN-EREIGNIS
Bei explosiven Vulkanausbrüchen gelangen Schwefelsäuretröpfchen in die obere Atmosphäre, die Sonnenlicht zurück in den Weltraum streuen. Die folgende Abkühlung kann mehrere Jahre dauern.

3-MINUTEN-ZYKLUS
Als unsere Atmosphäre entstand, bildete das von Vulkanen emittierte Kohlendioxid eine wärmende Decke um die Erde. Heute stellen die menschengemachten Kohlendioxidemissionen die von Vulkanen freigesetzte Menge in den Schatten. Dagegen tragen Vulkane, die wie der Ätna auf Sizilien immer wieder oder wie der Popocatépetl in Mexiko sporadisch ausbrechen, etwa 10 Prozent zum derzeit in der Atmosphäre gasförmig vorhandenen Schwefeldioxid bei.

VERWANDTE THEMEN
DIE ATMOSPHÄRISCHE ZIRKULATION
Seite 16

KLIMAFAKTOREN & STRAHLUNGSANTRIEB
Seite 116

GEOENGINEERING
Seite 148

3-SEKUNDEN-BIOGRAFIEN
BENJAMIN FRANKLIN
1706–1790
Amerikanischer Politiker, Autor und Universalgelehrter, der zu den Ersten gehörte, die einen Einfluss von Vulkanausbrüchen auf das Klima postulierten

HUBERT LAMB
1913–1997
Britischer Klimatologe, der aufzeigte, dass Vulkaneruptionen in den Tropen die atmosphärische Zirkulation schwächen, während solche in mittleren und hohen Breiten sie stärken

30-SEKUNDEN-TEXT
Ellie Highwood

Vulkanausbrüche vermindern die Sonneneinstrahlung, sodass es auf der Erde für Monate oder Jahre kühler wird.

GLOBALE ERWÄRMUNG

30 Sekunden Klima

3-SEKUNDEN-EREIGNIS
Höhere Treibhausgas-
konzentrationen in der
Atmosphäre lassen die
Temperaturen auf der Erde
ansteigen, was wiederum
das Risiko schädlicher
Folgen durch extremes
Wetter und steigende Mee-
resspiegel nach sich zieht.

3-MINUTEN-ZYKLUS
Das immer wärmere Klima
zwingt alle Lebewesen
und Ökosysteme zur An-
passung. Tief gelegenen
Meeresküsten drohen
Überschwemmungen,
andere Regionen könnten
infolge häufigerer Stark-
niederschläge und extremer
Hitzewellen unwohnlich
werden. Arten müssen
sich, sofern sie das können,
auf die Suche nach einem
Klima machen, in dem sie
überleben und gedeihen
können. Fast alle Nationen
haben dies erkannt und
sind bestrebt, die Treib-
hausgasemissionen in den
kommenden Jahrzehnten
drastisch zu reduzieren.

Gase in der Erdatmosphäre absorbieren von der Oberfläche abgestrahlte Infrarotstrahlung und verhindern so ihr Entweichen in den Weltraum. Auf der Erde herrschen deshalb wärmere Temperaturen. Zu den dafür verantwortlichen Treibhausgasen gehören CO_2, Methan und Wasserdampf, deren natürliche Konzentration in der Atmosphäre dafür sorgt, dass die Durchschnittstemperatur auf der Erde angenehme 14 °C und nicht eisige –20 °C beträgt. Allerdings haben menschengemachte Emissionen, vor allem aus der Verbrennung fossiler Brennstoffe, sowie die Entwaldung seit der industriellen Revolution den Treibhausgasgehalt der Atmosphäre erhöht und die Erde weiter erwärmt. Da Treibhausgase auf ihrem Weg durch die untere Atmosphäre mehr Infrarotstrahlung auffangen, besteht der »Fingerabdruck« des verstärkten Treibhauseffekts in einer zunehmend wärmeren unteren und einer immer kühleren oberen Atmosphäre. Dies geht auch aus Satelliten-Temperaturmessungen klar hervor. Die Erdoberfläche ist seit der Mitte des 19. Jahrhunderts um durchschnittlich ein Grad wärmer geworden, aber nicht etwa gleichmäßig, sondern über dem Land stärker als über den Ozeanen und über der Arktis am meisten. Steigende Temperaturen in der Atmosphäre lassen Gletscher und Meereis schmelzen. Infolge seiner Erwärmung dehnt sich das Wasser der Ozeane aus, und der Meeresspiegel steigt. Da die Ozeane einen Teil des zusätzlichen CO_2 absorbieren, wird das Meerwasser säurehaltiger.

VERWANDTE THEMEN
WÄRMESTRAHLUNG &
TREIBHAUSEFFEKT
Seite 38

DER KOHLENSTOFFKREISLAUF
Seite 80

GUY STEWART CALLENDAR
Seite 114

AUF DEM WEG ZUR
KLIMANEUTRALITÄT
Seite 136

3-SEKUNDEN-BIOGRAFIEN
JOSEPH FOURIER
1768–1830
Französischer Mathematiker,
der als Erster darlegte, dass nur
ein Treibhauseffekt die Erdtemperatur begründen kann

SVANTE ARRHENIUS
1859–1927
Schwedischer Chemiker, der
1896 erstmals schätzte, wie
stark sich die Erdoberfläche als
Reaktion auf den steigenden
CO_2-Ausstoß erwärmen würde

30-SEKUNDEN-TEXT
Ed Hawkins

*Die globale Erwärmung
ist nicht zu verneinen und
steigende Temperaturen
werden sich auf jegliches
Leben auswirken.*

9. Februar 1898
Geburt in Montreal

1899
Familie zieht nach London

1915
Assistent im Labor seines Vaters am Imperial College in London

1919
Studium der Mathematik und Mechanik am City and Guilds College in London

1922
Mitarbeiter der Abteilung für Physik des Imperial College in London, arbeitet auch für die *British Electrical and Allied Industries Research Association*

1929
Teilnahme an der internationalen Dampftafelkonferenz in London

1938
Erster Beitrag zum Zusammenhang zwischen globaler Temperatur und CO_2-Emissionen

1942
Umzug nach Horsham, West Sussex, wo er als Militäringenieur arbeitet

1958
Pensionierung

30. Oktober 1964
Tod in Horsham

GUY STEWART CALLENDAR

Die ersten stichfesten Hinweise

für den vom Menschen verursachten Klimawandel erbrachte der britische Amateur-Klimatologe Guy Stewart Callendar mit sorgfältigen Berechnungen. Der Dampfingenieur widmete sich in der Freizeit der Erfassung weltweiter Messungen von Temperatur sowie CO_2-Gehalt der Atmosphäre und zeigte erstmals auf, dass das globale Klima in direktem Verhältnis zu menschengemachten Treibhausgasemissionen wärmer wurde. Dieses Phänomen erhielt später den Namen »Callendar-Effekt«.

Callendar wuchs in London auf und studierte bis 1922 am *City and Guilds College* Mathematik und Mechanik. Nach dem Abschluss arbeitete er als Dampfingenieur für die *British Electrical and Allied Industries Research Association* und beschäftigte sich in seiner Freizeit weiter mit seinem Steckenpferd, der Klimatologie. Im Zweiten Weltkrieg war er in der Forschung und Entwicklung für die *Royal Airforce* tätig und entwickelte ein Flugplatznebelauflösungssystem. 1942 zog er nach Horsham, West Sussex, wo er in einer geheimen Forschungseinrichtung in Langhurst an Rüstungsprojekten mitarbeitete.

1938 veröffentlichte Callendar die Ergebnisse seiner Forschungen als Aufsatz im *Quarterly Journal of the Royal Meteorological Society*. Seine Daten belegten einen seit vierzig Jahren andauernden Anstieg der globalen Temperatur, der mit dem gleichzeitigen Anstieg des CO_2-Gehalts der Atmosphäre in Verbindung gebracht werden konnte. Callendar zeigte sich jedoch keineswegs besorgt, da er zu jener Zeit einen globalen Temperaturanstieg für vorteilhaft hielt, da er eine weitere Eiszeit verhinderte und das Pflanzenwachstum in der nördlichen Hemisphäre förderte.

Callendars Forschungen kamen nicht aus dem Nichts: John Tyndall (Seite 36) hatte in den 1860er-Jahren aufgezeigt, dass der Wasserdampf in der Atmosphäre Wärmestrahlung absorbiert und einen Treibhauseffekt erzeugt, und Svante Arrhenius in den 1890er-Jahren Schätzungen zum Einfluss des atmosphärischen CO_2 auf die globale Oberflächentemperatur veröffentlicht. Man misstraute jedoch der These, dass der Mensch etwas so Mächtiges wie das Erdklima beeinflussen kann, und die weltweite Gemeinschaft der Wissenschaftler mag die Forschungsergebnisse Callendars auch aufgrund seiner mangelnden wissenschaftlichen Qualifikation nicht ernst genommen haben.

Obwohl man seinen Arbeiten zu Lebzeiten mit Skepsis begegnete, blieb Callendar bis zu seinem Tod 1964 von den Ergebnissen seiner handschriftlichen Berechnungen überzeugt, die sich im Vergleich mit modernen Messungen als überraschend genau herausgestellt haben.

Claire Asher

KLIMAFAKTOREN & STRAHLUNGS-ANTRIEB

30 Sekunden Klima

Jeder Faktor, der das Gleichgewicht zwischen der von der Erde absorbierten Sonnenstrahlung und der ins All abgestrahlten Wärmeenergie stört, kann Klimaveränderungen hervorrufen. Globale Erwärmung wird somit durch eine erhöhte Sonneneinstrahlung, ein verringertes Rückstrahlvermögen der Erde oder das verstärkte Abfangen von Infrarotstrahlung verursacht, eine Abkühlung durch gegenteilige Klimaantriebsfaktoren. Zu den natürlichen Faktoren gehören an erster Stelle Veränderungen im Inneren der Sonne und Vulkanausbrüche, während der schwerwiegendste menschliche Faktor in der Erhöhung der Treibhausgaskonzentration besteht. Außerdem steigern Partikel, die von Industrie und Landwirtschaft in die Atmosphäre abgegeben werden – wie Sulfatpartikel aus Kohlekraftwerken oder Staub von degradierten Nutzflächen – das Rückstrahlvermögen bzw. verringern es wie schwarze Kohlenstoffpartikel. Selbst Veränderungen in der Landnutzung wirken sich aus: So trägt die Entwaldung zur Erwärmung bei, denn in der Folge wird weniger CO_2 aus der Atmosphäre aufgenommen, aber auch zur Abkühlung, falls der Boden des Kahlschlags stärker reflektiert. Ein Ungleichgewicht, das ein Faktor ohne Klimareaktion in der Stratosphäre verursacht, wird als dessen Strahlungsantrieb bezeichnet. Mit diesem Maß lassen sich Klimafaktoren vergleichen, sodass Wissenschaftler die Auswirkungen menschlicher Aktivitäten auf das Klima abschätzen können.

Partikel und Gase sowie die Beschaffenheit von deren Oberfläche steuern die Strahlungsströme in der Atmosphäre.

KLIMASENSITIVITÄT

30 Sekunden Klima

Unser Klima verändert sich, wenn natürliche oder menschliche Faktoren das Energiegleichgewicht von einfallender Sonnenstrahlung und ins All abgegebener Wärmestrahlung stören und einen Strahlungsantrieb erzeugen. Die Klimasensitivität ist ein Maß für die Klimaantwort und bezeichnet den Anstieg der globalen Oberflächentemperatur, der eintreten würde, wenn sich die Erde vollständig an eine Verdoppelung des atmosphärischen CO_2 anpassen würde (Gleichgewichtsklimasensitivität). Sie lässt sich jedoch zur Messung der Reaktion auf jede Form von Strahlungsantrieb skalieren. Dass CO_2 Wärmestrahlung absorbiert, ist seit den 1860er-Jahren bekannt. Wenn sich allein die Konzentration dieses Gases ändern würde, wäre die aus einer bestimmten Erhöhung resultierende Erwärmung einfach zu berechnen. Physikalische Prozesse – Rückkopplung im Klimasystem – beeinflussen jedoch die Auswirkungen steigender CO_2-Werte und machen die Schätzung der Temperaturänderungen komplexer. Die Absorption und Streuung von Strahlung hängt beispielsweise von der Luftfeuchtigkeit, Bewölkung oder Vergletscherung ab. Deshalb kommen bei der Beurteilung der Klimasensitivität verschiedene Messungen, beispielsweise der CO_2-Konzentration oder Oberflächentemperatur, und Modelle zum Einsatz. Durch diese Annäherungen gelangt man in Kombination schließlich zu einem Wertebereich. Die derzeit beste Schätzung der Gleichgewichtsklimaempfindlichkeit liegt zwischen 1,5 und 4,5 °C.

3-SEKUNDEN-EREIGNIS
Eine Änderung im Strahlungshaushalt der Erde bewirkt eine direkt proportionale Änderung der globalen Oberflächentemperatur. Die Konstante, nach der dies geschieht, wird als Klimasensitivität bezeichnet.

3-MINUTEN-ZYKLUS
Da die Anpassung an veränderte Treibhausgaskonzentrationen sehr langsam geschieht, stellt die Gleichgewichtsklimasensitivität (ECS) ein Maß für einen Temperaturanstieg über Jahrtausende dar. Als transiente Klimaantwort (TCR) wird der Anstieg der globalen Oberflächentemperatur bis zum Zeitpunkt der CO_2-Verdoppelung bezeichnet, der einen direkten Bezug zum in den kommenden hundert Jahren zu erwartenden Temperaturanstieg hat. Nach der derzeit besten Schätzung dürfte er im Bereich von 1–2,5 °C liegen.

VERWANDTE THEMEN
DER STRAHLUNGSHAUSHALT DER ERDE
Seite 32

KLIMAMODELLE
Seite 94

KLIMAFAKTOREN & STRAHLUNGSANTRIEB
Seite 116

3-SEKUNDEN-BIOGRAFIE
GABRIELE CLARISSA HEGERL
geb. 1962
Deutsche Klimatologin, die neue Methoden zur Beurteilung der Klimasensitivität erarbeitet hat

30-SEKUNDEN-TEXT
Joanna D. Haigh

Zu wissen, wie die Temperatur auf der Erde auf steigende Treibhausgaswerte reagiert, ist von grundlegender Bedeutung für das Verständnis des Klimawandels.

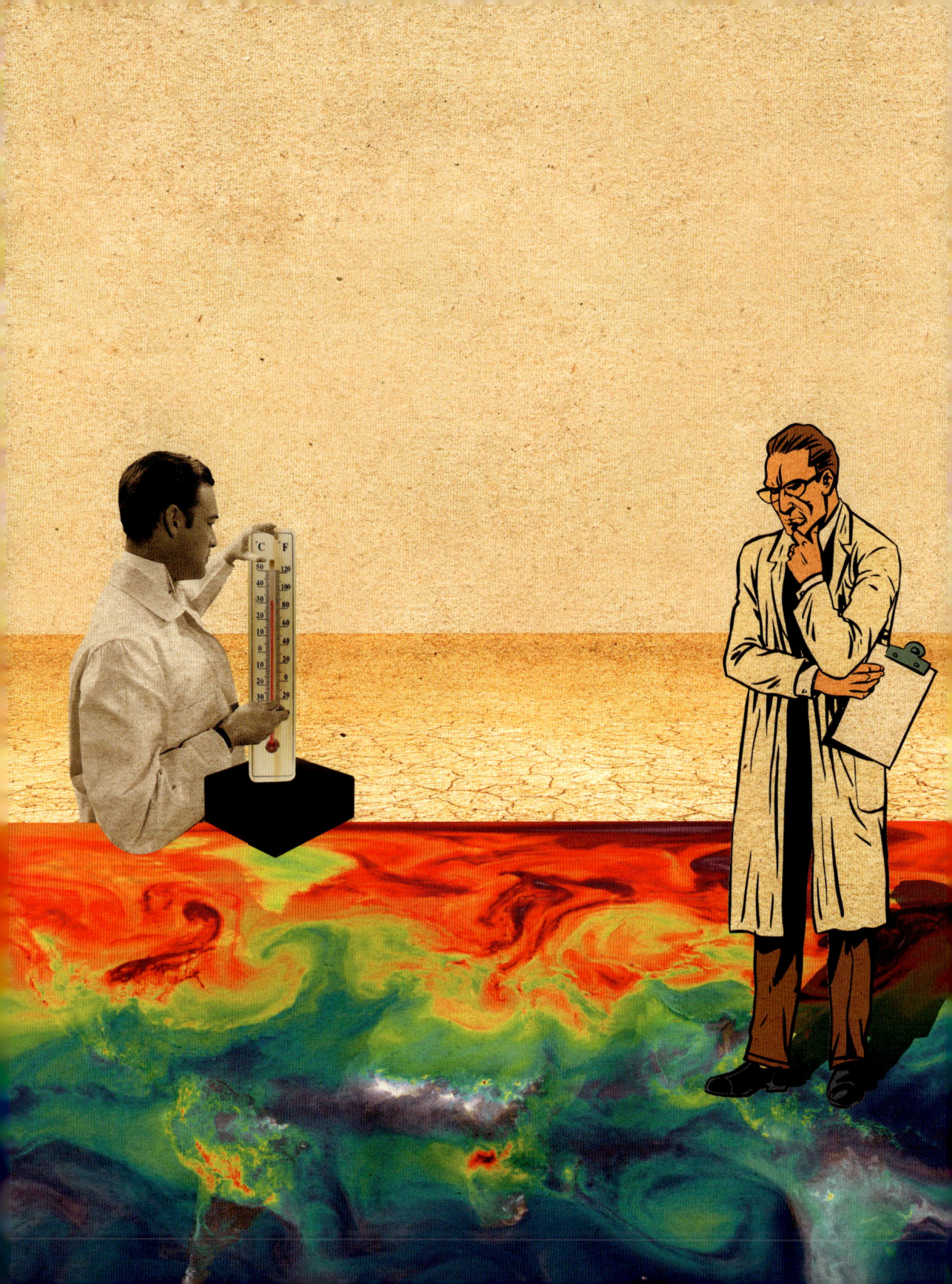

EXTREMEREIGNISSE

30 Sekunden Klima

Wir neigen dazu, das Klima nach Durchschnittswerten zu beurteilen, doch wir sind uns durchaus bewusst, dass die tatsächlichen Werte sich darum herum bewegen. Die tägliche Temperatur kann an einem bestimmten Ort zu einer bestimmten Jahreszeit durchschnittlich 15 °C betragen, aber an im Verhältnis zur Jahreszeit kalten oder heißen Tagen wird die Temperatur einige Grad niedriger oder höher liegen. Extreme können anhand der bisherigen Temperaturverteilung so definiert werden, dass sie nur an wenigen Tagen pro Jahreszeit oder Jahr auftreten. Daneben existieren viele andere Definitionen für Extreme wie der nasseste Tag des Jahres oder Windgeschwindigkeiten über einem bestimmten Schwellenwert. Der Klimawandel dürfte einen Einfluss auf das Auftreten von Extremereignissen haben: Im Zuge der globalen Erwärmung werden kalte Extreme seltener und warme Extreme häufiger; die Luftfeuchtigkeit kann Starkregen noch verstärken, aber auch längere Trockenperioden und Dürren sind infolge veränderter Niederschlagsmuster möglich. Veränderungen sind bei Extremereignissen aufgrund ihrer Seltenheit in der Regel schwer vorherzusagen. Die Vorhersage zukünftiger Veränderungen beispielsweise bei tropischen Wirbelstürmen, die die Küste erreichen, stellt jedoch für Klimawissenschaftler ein hochaktuelles Problem dar.

3-SEKUNDEN-EREIGNIS
Ein Klima-Extremereignis ist eines, das im Vergleich zum normalen Wetter oder Klima an einem bestimmten Ort und zu einer bestimmten Zeit selten auftritt.

3-MINUTEN-ZYKLUS
Extremereignisse werden manchmal mithilfe von Wiederkehrperioden definiert. Die russische Hitzewelle von 2010, die rund 50 000 Todesopfer forderte, lässt sich folgendermaßen charakterisieren: Man geht davon aus, dass es sich um ein Jahrtausendereignis handelt. Es besteht natürlich keine Garantie, dass so etwas nur einmal alle tausend Jahre eintritt, aber die durchschnittliche Häufigkeit beträgt ein Ereignis pro tausend Jahre. Die Berufung auf Wiederkehrperioden ist heute problematisch, denn das Klima dürfte sich in den kommenden Jahrzehnten erheblich verändern.

VERWANDTE THEMEN
WOLKEN & STÜRME
Seite 54

KLIMAMODELLE
Seite 94

GLOBALE ERWÄRMUNG
Seite 112

3-SEKUNDEN-BIOGRAFIEN
FRANCIS ZWIERS
geb. 1951
Kanadische Spezialistin für Klimaextreme, die beobachtete und simulierte Klimaschwankungen und -veränderungen mit statistischen Methoden analysiert

PENELOPE WHETTON
geb. 1958
Australische Klimatologin, die die Häufigkeit von Dürren, Bränden und Staubstürmen in Zusammenhang mit dem Klimawandel brachte

30-SEKUNDEN-TEXT
Mat Collins

Extremwetterereignisse kommen selten vor und sind kaum vorhersehbar, ihre Folgen dagegen sind oft verheerend.

MEERESSPIEGEL

30 Sekunden Klima

3-SEKUNDEN-EREIGNIS
Als Meeresspiegel wird die mittlere Höhe der Ozeanoberfläche bezeichnet, die von Region zu Region der Erde variieren kann.

3-MINUTEN-ZYKLUS
Der mittlere Wasserspiegel der Weltmeere schwankt um bis zu zwei Meter, abhängig von Luftdruck, Winden, Gezeiten, Meeresströmungen, Wasserdichte in verschiedenen Tiefen, regionalen Gravitationskräften und Erdrotation. Von diesen Erscheinungen hängt auch die Geschwindigkeit ab, mit der der Meeresspiegel ansteigt, ebenso wie von regional begrenzten Bewegungen der Erdkruste, die auf die Plattentektonik, isostatischen Rückprall und Grundwasserabfluss zurückgehen. Die Trends beim relativen Meeresspiegel können erheblich von denen beim globalen mittleren Meeresspiegel abweichen.

Der globale mittlere Meeresspiegel ist das Nullniveau für Messungen von Höhen an Land, der Flughöhe von Flugzeugen und Satelliten sowie der Tiefe der Ozeane. Er entspricht der Oberfläche der Ozeane, die mit den Rotationskräften und dem Gravitationsfeld der Erde im Gleichgewicht steht (Äquipotenzialfläche, Geoid). Der mittlere oder eustatische Meeresspiegel schwankt in Abhängigkeit von der Meerwasserdichte und der Menge des an Land in natürlichen und Stauseen, Gletschern, Eisschilden sowie als Grundwasser gespeicherten Wassers. Kaltes, salziges Wasser weist eine größere Dichte auf und nimmt weniger Volumen ein. Die globale Erwärmung geht dagegen mit wärmerem Wasser, einer Umwälzung der Ozeane und dem Anstieg des Meeresspiegels einher, denn Schmelzwasser von Gletschern und Eisschilden vergrößert das Volumen der Weltmeere. Der globale mittlere Meeresspiegel ist heute zwanzig Zentimeter höher als 1900 und steigt derzeit mit einer Geschwindigkeit von etwas über drei Millimetern pro Jahr weiter – je zur Hälfte aufgrund thermischer Ausdehnung und des Rückgangs von Gletschern und Eisschilden. Diese Prozesse funktionieren auch umgekehrt: Im Letzteiszeitlichen Maximum vor rund 21 000 Jahren lag der globale mittlere Meeresspiegel um etwa 125 Meter niedriger als heute. Das Volumen der Ozeanbecken ändert sich auch aufgrund der Plattentektonik, allerdings in geologischen Zeiträumen, sodass sich der Meeresspiegel entsprechend langfristig ändert.

VERWANDTE THEMEN
DIE OZEANISCHE ZIRKULATION
Seite 18

GLETSCHER & EISSCHILDE
Seite 64

PALÄOKLIMA
Seite 106

3-SEKUNDEN-BIOGRAFIEN
JOHAN HUDDE
1628–1704
Amsterdamer Stadtregent, der die ersten modernen Messungen des Meeresspiegels anordnete (nahezu kontinuierlich ab 1700)

ANDERS CELSIUS
1701–1744
Schwedischer Physiker, der die bekannteste Temperaturskala definierte und als einer der Ersten das Absinken des Meeresspiegels in Schweden bemerkte. Er vermutete eine Verdampfung der Ozeane dahinter; in Wirklichkeit war es eine isostatische Rückkopplung

30-SEKUNDEN-TEXT
Shawn Marshall

Der steigende Meeresspiegel gehört zu den größten Auswirkungen des Klimawandels für die nächsten Jahrzehnte.

DIE VERSAUERUNG DER MEERE

30 Sekunden Klima

3-SEKUNDEN-EREIGNIS
Die Ozeane sind von Natur aus mit einem durchschnittlichen Oberflächen-pH-Wert von etwa 8,2 leicht alkalisch; kleine Schwankungen (± 0,3) gehen auf Temperaturänderungen und im Wasser gelöstes CO_2 zurück.

3-MINUTEN-ZYKLUS
Die Wassertemperatur entscheidet über den pH-Wert bei einem bestimmten CO_2-Gehalt und damit über dessen Löslichkeit. Die Bioaktivität ist wichtig, weil die Photosynthese CO_2 verbraucht (abnehmender Säuregehalt), während die Atmung CO_2 und Säuregehalt erhöht. In den Tiefen der Ozeane erhöht die Zersetzung absinkender organischer Substanzen die CO_2-Konzentration. Dieser Effekt wird immer stärker, weil Tiefenwasser vom Atlantik in den Nordpazifik fließt, wo der pH-Wert des Ozeans ein Minimum von etwa 7,3 erreicht.

Meerwasser ist zwar elektrisch neutral aber basisch, denn es besteht ein leichter Überschuss starker positiv geladener Ionen wie Natrium oder Kalzium gegenüber starken negativ geladenen wie Chloriden, der durch schwache Ionen mit negativer Ladung wie Hydrogenkarbonate und Karbonate ausgeglichen wird. Diese schwachen Ionen entstehen durch die fortlaufende Ionisation von gelöstem CO_2, damit der Säuregehalt des Ozeanwassers bei einem pH-Wert von etwa acht stabilisiert wird. Die Summe dieser CO_2-basierten Substanzen wird als gelöster anorganischer Kohlenstoff (DIC) bezeichnet. Der DIC-Gehalt bestimmt über den Ionisationsgrad des Karbonatsystems und damit den Säuregehalt des Wassers. Auch die Basizität (der Überschuss starker positiver Ionen gegenüber starken negativen Ionen) hat Einfluss darauf, sodass eine enge Beziehung zwischen DIC, Basizität und pH-Wert besteht. Die Menge der Ionisation bei einem bestimmten DIC-Wert hängt des Weiteren von der Temperatur ab, und biologische Prozesse (Photosynthese und Atmung) beeinflussen sowohl DIC-Gehalt als auch Basizität. Anorganische Prozesse wie die Bildung und Lösung von Kalziumkarbonat, aus dem die Schalen und Skelette vieler Meeresorganismen bestehen, die sich in saurerem Meerwasser oft auflösen, wirken sich ebenfalls auf die Basizität aus. Für Schwankungen des Säuregehalts ist daher ein komplexes Zusammenspiel all dieser Prozesse verantwortlich.

VERWANDTES THEMA
DIE OZEANISCHE ZIRKULATION
Seite 18

3-SEKUNDEN-BIOGRAFIE
ROGER REVELLE
1909–1991
US-Wissenschaftler, der zu den Ersten gehörte, die die menschengemachte globale Erwärmung untersuchten; der Revelle-Faktor für die Größe des Widerstands der Meeresoberfläche gegen die Absorption von atmosphärischem CO_2 ist nach ihm benannt

30-SEKUNDEN-TEXT
John Shepherd

Da der CO_2-Gehalt der Atmosphäre seit der industriellen Revolution steigt, liegt der pH-Wert des Oberflächenwassers heute um 0,1 Einheiten höher als damals. Zu den sichtbaren Folgen gehören gebleichte Korallen sowie dünnere Muschelschalen und Skelette einiger Meeresorganismen.

AUSWIRKUNGEN AUF NATURSYSTEME

30 Sekunden Klima

3-SEKUNDEN-EREIGNIS
Klimaveränderungen haben tief greifende Auswirkungen auf die Natursysteme der Erde, darunter lebende Organismen, Ökosysteme, Energie-, Wasser- und Nährstoffkreisläufe.

3-MINUTEN-ZYKLUS
Das Klima hat schon immer auf die belebte und unbelebte Natur eingewirkt. So konnten sich vor etwa 300 Millionen Jahren dank hoher Luftsauerstoffwerte einige Wirbellose zu Giganten entwickeln, und vor 100 000 Jahren verwandelten wärmere Temperaturen und Monsune Sahara und Nefud in grüne Flussbecken. Vor etwa 12 000 Jahren, als eine Eiszeit auf der Erde endete, strömte Schmelzwasser in Massen in den Nordatlantik und verhinderte, dass warmes Wasser nach Norden gelangte – das Ergebnis war eine Mini-Eiszeit.

Ein wärmeres Klima bringt

Gletscher und Eiskappen zum Schmelzen und verändert den Wasserkreislauf und damit auch das Gesamtvolumen an flüssigem Wasser auf der Erde. Größere Ozeane bringen mehr Verdunstung, Wolken und Niederschläge mit sich. Außerdem ändern sich die Regenzeiten und damit die Verfügbarkeit von Frischwasser und die Schwere der saisonalen Überschwemmungen. Bei Pflanzen und Tieren lösen jahreszeitliche Temperatur- und Niederschlagsschwankungen Paarung und Migration aus – der Klimawandel verändert ihren Zeitpunkt. Während einige Tierarten sich an die veränderten Bedingungen anpassen, ist das bei anderen nicht der Fall. Symbiotische Arten geraten aus dem Takt, wenn sich ein Partner schneller an den Klimawandel anpasst. Der Klimawandel und andere Folgen menschlicher Aktivitäten stören den Nährstofftransport in der Natur – zwischen lebenden Organismen, Flüssen, Ozeanen, Böden … und der Luft. Auch Nährstoffe wie Stickstoff und Phosphor, die durch Düngemittel in die Umwelt gelangen, beeinträchtigen die natürlichen Systeme: Stickstoff macht Flüsse und Bäche sauer und begünstigt Algenblüten, die dem Wasser den Sauerstoff entziehen. Der Klimawandel wirkt sich sogar auf die geologische Aktivität aus: In Regionen wie Island verschwindet infolge der Gletscherschmelze das auf ruhenden Vulkanen lastende Gewicht des Eises. Man erwartet, dass diese Vulkane als Folge aktiver werden.

VERWANDTE THEMEN
TEMPERATURZYKLEN:
TÄGLICH UND JÄHRLICH
Seite 44

DER WASSERKREISLAUF
Seite 50

DIE BIOSPHÄRE
Seite 70

3-SEKUNDEN-BIOGRAFIEN
ROBERT MARSHAM
1708–1797
Englischer Naturforscher und Begründer der Phänologie, die die Wirkung der Jahreszeiten auf das Verhalten von Pflanzen und Tieren zum Gegenstand hat

ISAAC HELD
geb. 1948
Amerikanischer Meteorologe, der die Auswirkungen der globalen Erwärmung auf die weltweiten Niederschlagsmuster untersucht

30-SEKUNDEN-TEXT
Claire Asher

Veränderte Klima- und Wetterzyklen haben nicht selten erhebliche Auswirkungen auf Naturereignisse wie die jährliche Migration.

AUSWIRKUNGEN AUF MENSCHLICHE SYSTEME

30 Sekunden Klima

3-SEKUNDEN-EREIGNIS
Der Klimawandel hat praktisch in jedem Bereich unserer Zivilisation bedrohliche Auswirkungen – ob Landwirtschaft, industrielle Produktion, Infrastruktur, Gesundheitsversorgung oder Migration.

3-MINUTEN-ZYKLUS
Steigende Temperaturen beeinträchtigen die Gesundheit des Menschen direkt. So fordern Hitzewellen auch Todesopfer. Dazu kommen indirekte Auswirkungen wie die Vergrößerung des Lebensraums der Malariamücken oder verminderte Ernteerträge. Man erwartet ferner, dass der Klimawandel Millionen von Menschen von zu Hause vertreiben wird. Das birgt das Potenzial für gewalttätige Konflikte um Ressourcen, zunehmende Armut und soziale Ungleichheit, die in der Regel mit einer schlechteren Volksgesundheit einhergehen.

Ein wärmeres Klima verändert die

Wettersysteme und hat weitreichende Auswirkungen auf menschliche Systeme wie Infrastruktur, Stromleitungen, Bauernhöfe und Fabriken. Die Verteilung ist nicht gleichmäßig, denn einige Gegenden werden häufig von Dürren, andere von schweren Überschwemmungen heimgesucht. Infolge des steigenden Meeresspiegel sind kleine Inseln und Großstädte wie Shanghai und New York von der Überflutung bedroht. Infolge größerer Temperaturschwankungen werden Straßen, Bahngleise, Landebahnen und Pipelines rissig, und die Wartungskosten erhöhen sich. Man erwartet eine größere Häufigkeit von extremen Wetterereignissen wie Hurrikanen und Tsunamis, die wichtige Infrastruktur vollständig zerstören könnten. Da bei den höheren Temperaturen die Menschen mühevolle Arbeiten in der Produktion und Landwirtschaft nur noch bedingt ausführen können, werden Fabrikarbeit und Nahrungsmittelproduktion teurer und weniger produktiv. Fertigungsprozesse mit kritischen Temperaturen benötigen mehr Kühlwasser. Häufigere Dürren, der Verlust der Süßwasserversorgung aus der Schneeschmelze und die Salzwasserkontamination der Grundwasserversorgung, wovon die beiden Letzteren die Bewässerung der Nutzpflanzen erschweren, werden der Landwirtschaft zu schaffen machen. Auch das Pflanzenwachstum wird sich verändern: Wärmere Temperaturen bedeuten ein besseres Wachstum, aber auch einen höheren Wasserbedarf.

VERWANDTE THEMEN
KLIMAZONEN
Seite 20

TEMPERATURZYKLEN:
TÄGLICH UND JÄHRLICH
Seite 44

WOLKEN & STÜRME
Seite 54

3-SEKUNDEN-BIOGRAFIE
SUNITA NARAIN
geb. 1961
Indische Umweltschützerin, Generaldirektorin des Forschungsinstituts *Centre for Science and Environment* in Delhi sowie Pionierin der Umweltgerechtigkeit für ärmere Gruppen

30-SEKUNDEN-TEXT
Claire Asher

Ein wärmeres Klima wird sich auf der ganzen Welt, insbesondere aber in trockeneren Gegenden, erheblich auf die Landwirtschaft auswirken.

DIE ZUKUNFT

Albedo Ein Maß für das Rückstrahlvermögen von Oberflächen, das heißt wie viel von der Sonneneinstrahlung reflektiert wird; Skala von 0 bis 1. Bei Planeten bezieht es sich auf die durchschnittliche Albedo ihrer oberen Atmosphäre. Im Falle der Erde liegt sie zwischen 0,3 und 0,35 und hängt stark von der Wolkendecke ab.

C40 Die *C40 Cities Climate Leadership Group* ist ein Netzwerk von mehr als 90 Großstädten, die sich mit dem Klimawandel auseinandersetzen. Mit über 650 Millionen Einwohnern repräsentieren sie über ein Zehntel der Weltbevölkerung und außerdem ein Viertel der Weltwirtschaft. Die Gruppe konzentriert sich auf die Bekämpfung des Klimawandels und die Förderung städtischer Veränderungen, die die Treibhausgasemissionen und die mit dem Klimawandel verbundenen Risiken reduzieren, während sie gleichzeitig Gesundheit und Wohlbefinden verbessert und wirtschaftliche Chancen bietet.

CO$_2$-Bilanz (CO$_2$-Fußabdruck) Summe aller Emissionen von Kohlendioxid und anderen Treibhausgasen (ausgedrückt als CO$_2$-Äquivalent), die eine Person, eine Bevölkerung, ein Unternehmen oder ein Produkt während der gesamten Lebensdauer verursacht. Die CO$_2$-Gesamtbilanz umfasst alle Quellen, Senken und Speicher von Treibhausgasen.

Erneuerbare Energien Energieträger, die sich von Natur aus im Rahmen des menschlichen Zeithorizonts erneuern und deshalb auf unbestimmte Zeit genutzt werden können. Dazu gehören Sonnenlicht, Wind, Wasserkraft und Geothermie, die zur Erzeugung von Strom oder zum Erwärmen bzw. Abkühlen von Luft und Wasser genutzt werden können. 2016 deckten die erneuerbaren Energien 19,2 Prozent des weltweiten Energieverbrauchs.

Fernwärmenetze Verteilungssystem mit gut isolierten Leitungen, das die Wärme von einer zentralen Quelle zu vielen privaten oder gewerblichen Gebäuden transportiert. Fernwärmenetze sind eine der kostengünstigsten Methoden, um die mit der Heizung verbundenen Kohlenstoffemissionen zu reduzieren. Umfangreichere, besser vernetzte Netzwerke sind noch effizienter. Sie könnten genutzt werden, um die Treibhausgasemissionen aus industriellen Heiz- und Kühlprozessen zu reduzieren oder um Wärme für Industrie und Haushalte aus Kanälen, Flüssen oder Abfallentsorgungsanlagen zu recyceln.

Kernfusion Das Gegenstück zur Kernspaltung: Zwei oder mehr Atomkerne vereinigen sich zu einem größeren Atomkern. Bei diesem Prozess wird ein Teil der ursprünglichen Masse der Kerne als Energie freigesetzt.

Kernspaltung Ein Atomkern spaltet sich in mehrere kleinere Kerne auf und setzt dabei freie Neutronen, Gamma-Photonen und große Mengen an Energie frei. Die Kernspaltung kann spontan durch radioaktiven Zerfall oder künstlich in einem Kernreaktor erfolgen. Sie wurde 1938 von Otto Hahn und seinem Assistenten Fritz Straßmann entdeckt.

Negative Emissionstechnologien (NETs)
Technologien, die Kohlendioxid oder andere Treibhausgase aus der Atmosphäre für deren langfristige Speicherung entfernen. Wenn wir nicht für eine ausreichende Reduktion der weltweiten Treibhausgasemissionen sorgen, wird sich der Klimawandel schon bald nur noch mit diesen Technologien im Griff halten lassen. Dazu gehören die direkte Abscheidung von Treibhausgasen aus der Luft und anschließende Speicherung, die Ozeandüngung, bei der Kalkstein die kohlenstoffabsorbierende Kapazität des Ozeans erhöht, oder die Aufforstung, nach der zusätzlicher Kohlenstoff von den Bäumen in der Photosynthese absorbiert wird.

Strahlungsantrieb Differenz zwischen der Energie des von der Erde absorbierten Sonnenlichts und der in den Weltraum abgestrahlten. Der Strahlungsantrieb ist positiv, wenn mehr Energie absorbiert als abgestrahlt wird. Weil so ein Teil der Energie in der Erdatmosphäre eingeschlossen wird, erwärmt sich das Klima. Natürliche Faktoren wie Vulkanausbrüche oder Schwankungen der Sonneneinstrahlung, aber auch landwirtschaftliche oder industrielle Prozesse, die das Reflexionsvermögen der Oberfläche oder die Zusammensetzung der Atmosphäre beeinflussen, verursachen Strahlungsantrieb.

Übereinkommen von Paris Das Pariser Klimaabkommen ist eine 2015 von den Vertragsparteien der Klimarahmenkonvention der Vereinten Nationen (UNFCCC) geschlossene Vereinbarung, die bis heute von 194 Staaten und der EU unterzeichnet und von 184 Vertragsparteien ratifiziert wurde. Jeder Signatar bestimmt, plant und steuert seinen Beitrag zur Eindämmung des globalen Klimawandels selbst und berichtet regelmäßig über die geschätzten Emissionen und seine Strategien zu deren Eindämmung.

KLIMAPROGNOSEN

30 Sekunden Klima

VERWANDTE THEMEN
KLIMAMODELLE
Seite 94

MEERESSPIEGEL
Seite 122

DER IPCC
Seite 146

INTERNATIONALE
ZUSAMMENARBEIT
Seite 150

3-SEKUNDEN-EREIGNIS
Für alle Weltregionen werden Klimaprognosen erstellt, die Politikern bei ihren Entscheidungen im Zusammenhang mit zukünftigen klimabedingten Risiken als Orientierungshilfe dienen.

3-MINUTEN-ZYKLUS
Seit den Siebzigerjahren erstellen Wissenschaftler Klimavorhersagen, deren Modelle immer komplexer werden. Schon die frühen Vorhersagen, die größere Veränderungen für die Arktis und das Festland prognostizierten, erwiesen sich als ziemlich genau, was die Erwärmung und das räumliche Muster der Temperaturänderungen betrifft. Seit seiner 1988 erfolgten Gründung veröffentlicht der Zwischenstaatliche Ausschuss für Klimaänderungen (IPCC) regelmäßig Berichte zu den neuesten Vorhersagen und ihren Auswirkungen.

Entscheidungen über die Maßnahmen bei einem Klimawandel gründen auf Prognosen zu Wetter- und Klimabedingungen und diese wiederum meist auf Klimamodellsimulationen. Dabei werden mehrere Klimaprognosen erstellt, die auf unterschiedlichen Klimamodellen, zukünftigen politischen Entscheidungen, auch weiterhin rasch steigenden oder sinkenden Treibhausgasemissionen beruhen. Diese Modelle beziehen sich auf Zeiträume, die von der folgenden Jahreszeit bis Jahrhunderte in die Zukunft reichen, und auf sämtliche Aspekte des Klimas, darunter der Anstieg des Meeresspiegels und Veränderungen bei Niederschlagsmustern oder beim Meereis. Anschließend werden die Vorhersagen, die auf verschiedenen Klimamodellen beruhen, kombiniert betrachtet, um die Bandbreite der möglichen Ergebnisse zu bestimmen. Da sich der Klimawandel in den Weltregionen sehr unterschiedlich auswirken wird, werden die Risiken für die Infrastruktur, die Bevölkerung sowie die zugehörigen Ökosysteme und weitere Elemente mithilfe von Vorhersagen gebietsweise abgeschätzt. Zu diesen Risiken gehören unter anderem Küstenüberschwemmungen, extreme Hitze oder die Bleichung von Korallen. Zunehmend dienen Klimaprognosen auch der Entscheidungsfindung auf lokaler Ebene. Wie hoch soll ein neuer Hochwasserschutzdamm gebaut werden oder welche Kulturen eignen sich am besten für den Anbau an diesem Ort?, lauten Fragen, die mit ihrer Hilfe erörtert werden.

3-SEKUNDEN-BIOGRAFIEN
WILLIAM D. SELLERS
1928–2014
Amerikanischer Klimamodell-Pionier, der ein globales Energiehaushaltmodell ausarbeitete und die Auswirkungen von CO_2-Schwankungen vorhersagte

JULIA SLINGO
geb. 1950
Britische Klimawissenschaftlerin, die die Bedeutung der tropischen Cumuluskonvektion für die saisonale und dekadische Klimavorhersage darlegte

30-SEKUNDEN-TEXT
Ed Hawkins

Eisschmelze, Anstieg von Meeresspiegel und Temperaturen – der Klimawandel ist da.

Vorindustriell   +0.5ºC   +1.0ºC

AUF DEM WEG ZUR KLIMANEUTRALITÄT

30 Sekunden Klima

3-SEKUNDEN-EREIGNIS
Um den Einfluss des Menschen auf das Klima zu stabilisieren, müssen die Nettotreibhausgasemissionen so schnell wie möglich auf null oder darunter reduziert werden; nur so lässt sich der Temperaturanstieg in Grenzen halten.

3-MINUTEN-ZYKLUS
Anhand von Modellen werden die Wege zu einer CO_2-freien Wirtschaft geprüft, um den für die Gesellschaft kostengünstigsten zu ermitteln. Dessen schnellstmögliche Implementierung in der Wirtschaft ist von entscheidender Bedeutung, denn sonst werden die Kosten für den Übergang weiter steigen. Verzögerungen mehren die kumulativen Treibhausgase in unserer Atmosphäre, sodass zur Klimastabilisierung Negative Emissionstechnologien entwickelt werden müssen, die Treibhausgase aus der Atmosphäre entfernen.

Man erwartet, dass die globalen Treibhausgasemissionen im nächsten Jahrzehnt weiter ansteigen. Um unsere Klimaschutzziele zu erreichen, müssen sie jedoch spätestens in der zweiten Hälfte dieses Jahrhunderts netto null betragen. Ein IPCC-Bericht von 2014 schlüsselt die Treibhausgasemissionen wie folgt auf: rund ein Viertel aus der Strom- und Wärmeerzeugung, ein weiteres Viertel aus der Landwirtschaft und anderer Landnutzung, gut ein Fünftel aus der Industrie und knapp fünfzehn Prozent aus dem Verkehr, der Rest aus Gebäuden (sechs) und anderer Energie (zehn Prozent). Der Emissionsfaktor nimmt bei Strom und Landwirtschaft ab, in der Abfallwirtschaft und anderen Sektoren aber zu. Eine wachsende Bevölkerung steigert die Nachfrage nach treibhausgasintensiven Gütern und Dienstleistungen wie Zement, Stahl und Flügen. Im Energie- und Gebäudesektor müssen verfügbare kohlenstoffarme bzw. -freie Technologien umgehend zum Einsatz kommen, und die Elektrifizierung von Dienstleistungen wie Heizung, Kühlung und Transport ist entscheidend für die Klimaneutralität. Bei industriellen Anwendungen, für die treibhausgasintensive Wärme benötigt wird, sind fossile Brennstoffe für Null-Emissionen mit der Abscheidung und Speicherung (Sequestrierung) von CO_2 zu kombinieren, bis alternative Technologien verfügbar sind. Der Weg zur Klimaneutralität beinhaltet auch die Reduzierung von Nicht-CO_2-Treibhausgasen wie das von Rindern ausgestoßene Methan.

VERWANDTE THEMEN
KLIMAMODELLE
Seite 94

GLOBALE ERWÄRMUNG
Seite 112

INTERNATIONALE ZUSAMMENARBEIT
Seite 150

3-SEKUNDEN-BIOGRAFIE
CORINNE LE QUÉRÉ
geb. 1966
Kanadische Klimatologin, deren Forschungen den Kohlenstoffhaushalt und die Zusammenhänge zwischen Klimawandel und Kohlenstoffkreislauf betreffen

30-SEKUNDEN-TEXT
Alyssa Gilbert

Die effiziente Nutzung von Energie und Agrarerzeugnissen ist von entscheidender Bedeutung auf dem Weg zur Klimaneutralität.

ENERGIE-ERZEUGUNG

30 Sekunden Klima

3-SEKUNDEN-EREIGNIS
Um CO_2-neutral zu werden, müssen wir den größten Teil unserer Energie aus anderen Quellen als fossilen Brennstoffen wie Kohle, Öl oder Gas gewinnen.

3-MINUTEN-ZYKLUS
Die Energieerzeugung aus fossilen Brennstoffen hat die Gesellschaft in den letzten zwei Jahrhunderten grundlegend verändert, die industrielle Revolution ermöglicht und mit dazu beigetragen, dass Abermillionen Menschen nicht mehr in Armut leben müssen. Sie hat aber auch unsere Umwelt und die Art, wie wir mit ihr umgehen, in drastischer Weise verändert. Wir müssen sorgfältig überprüfen, wie wir Energie produzieren und nutzen, um uns selbst und künftigen Generationen ein nachhaltiges und erfülltes Leben zu ermöglichen.

Ob zum Heizen, für den Transport oder zur Stromerzeugung – Energie ist nicht aus unserem Leben wegzudenken. Seit über einem Jahrhundert stammt sie zumeist aus der Verbrennung fossiler Brennstoffe und setzt gespeichertes CO_2 in die Atmosphäre frei. Die Folgen sind Luft- und Wasserverschmutzung, Gesundheitsprobleme, globale Erwärmung und Bodendegradation – ein Aufruf zur Umstellung auf klimaneutrale Energieproduktion. Drei Hauptwege dahin existieren: erneuerbare Energien, Kerntechnik und CO_2-Sequestrierung (CO_2-Abscheidung und Speicherung, CCS). Erneuerbare Energien wie Wasser-, Wind-, Solar- und Gezeitenkraft erzeugen Strom, ohne CO_2 freizusetzen (außer während des Baus der Anlagen). Pflanzliche Stoffe wie Holz gehören zu den erneuerbaren Brennstoffen und erzeugen Bioenergie. Dabei muss allerdings auf die Art der Erzeugung geachtet werden, denn Bäume absorbieren beim Wachstum CO_2 aus der Atmosphäre, sodass die weltweite Rodung der Wälder zu den Hauptursachen für die globale Erwärmung gehört. Die CO_2-Abscheidung, beispielsweise mit Filtern in Kraftwerken zur anschließenden Speicherung unter Tage, könnte in Verbindung mit Bioenergie eine wichtige Methode zur Entfernung von überschüssigem CO_2 aus der Atmosphäre sein. Diese Technologien werden wohl alle eine wichtige Rolle in der zukünftigen Energieerzeugung spielen, auch wenn Wissenschaftler, Politiker und Vertreter der Industrie heftig darüber streiten, in welchem Maß.

VERWANDTE THEMEN
AUF DEM WEG ZUR KLIMANEUTRALITÄT
Seite 136

KERNENERGIE
Seite 140

ENERGIEÜBERTRAGUNG & -SPEICHERUNG
Seite 142

ENERGIEVERBRAUCH
Seite 144

3-SEKUNDEN-BIOGRAFIEN
ALEXANDRE-EDMOND BECQUEREL
1820–1891
Französischer Physiker, der im Labor seines Vaters entdeckte, dass man aus Licht elektrischen Strom erzeugen kann

CHARLES FRANCIS BRUSH
1849–1929
Amerikanischer Ingenieur, der die stromerzeugende Windturbine erfand und damit seine Villa in Cleveland elektrifizierte

30-SEKUNDEN-TEXT
Sheridan Few

Erneuerbare Energien, die Kerntechnik und die CCS helfen mit, Klimaneutralität zu erreichen.

KERNENERGIE

30 Sekunden Klima

3-SEKUNDEN-EREIGNIS
Die kommerzielle Kern-
energie gehört zu den
kohlenstoffarmen Energie-
erzeugungslösungen und
generiert elektrische Energie aus der Kernspaltung.

3-MINUTEN-ZYKLUS
Das Potenzial der Kern-
energie geht über die
Dekarbonisierung des
Stroms hinaus, denn ihre
nächste Generation wird
uns vermutlich die direkte
Erzeugung von Wasser-
stoff und von hochwertiger
Prozesswärme ermöglichen
und somit wesentlich zur
Dekarbonisierung des
Industriesektors beitragen.
In den nächsten fünfzig
Jahren werden mit großer
Wahrscheinlichkeit Techno-
logien entwickelt, die die
Verbrennung von abge-
branntem Kernbrennstoff
und den wirtschaftlichen
Betrieb von Kernfusions-
reaktoren ermöglichen.

Einsteins Formel $E = mc^2$ liegt der Kernspaltung zugrunde, die derzeit der Erzeugung von Kernenergie dient. Dabei werden Uranatome gespalten und die Bindungsenergie subatomarer Teilchen freigesetzt. Durch die »Verbrennung« von Kernbrennstoff wird im Reaktorkern Wärme erzeugt und über ein Dampfturbinen-System Strom gewonnen. Weltweit erzeugen Kernkraftwerke rund elf Prozent des Stroms. Die Kernenergie ist eine kohlenstoffarme, für den Klimaschutz geeignete Art der Stromerzeugung, denn der Betrieb eines Kernkraftwerks setzt kein CO_2 frei und ihre CO_2-Äquivalente über die ganze Lebensdauer sind mit denen der Windkraft vergleichbar. Ihre Wirtschaftlichkeit lässt große Reaktoren, pro Megawatt Leistung betrachtet, als kostengünstig erscheinen, aber Bauzeit und Kosten pro Anlage verändern dieses Bild. Kernreaktoren liefern das ganze Jahr über mit einem Kapazitätsfaktor von 92 Prozent Energie, sodass konventionelle Kernkraftwerke sich gut eignen, uns über 40–100 Jahre kostengünstig rund um die Uhr mit Strom zu versorgen und so einen langfristigen Beitrag zum Klimaschutz zu leisten. Es gibt jedoch auch Anlagen, die sich dem Strombedarf anpassen können, beispielsweise in Frankreich. Atome weisen außerdem eine sehr hohe Energiedichte auf. Deshalb würde der Abfall, der für die Erzeugung der während eines ganzen Menschenlebens verbrauchten Energie mit Kernkraft anfällt, nur das Volumen einer 330-Milliliter-Getränkedose einnehmen.

VERWANDTE THEMEN
AUF DEM WEG ZUR
KLIMANEUTRALITÄT
Seite 136

ENERGIEERZEUGUNG
Seite 138

ENERGIEVERBRAUCH
Seite 144

3-SEKUNDEN-BIOGRAFIEN
MARIE SKŁODOWSKA CURIE
1867–1934
Polnische Chemikerin und Physikerin, die mit ihrem Mann Pierre radioaktive Stoffe entdeckte

LISE MEITNER
1878–1968
Österreichisch-schwedische Physikerin, die die Kernspaltung von Uran mit Absorption eines zusätzlichen Neutrons entdeckte

ENRICO FERMI
1901–1954
Italienisch-amerikanischer Physiker und Leiter des Teams, das mit *Chicago Pile-1* den ersten funktionsfähigen Kernreaktor baute

30-SEKUNDEN-TEXT
Ben Britton

Kernkraft kann als saubere Energiequelle zu einer Welt mit weniger CO_2 beitragen.

ENERGIE-ÜBERTRAGUNG & -SPEICHERUNG

30 Sekunden Klima

3-SEKUNDEN-EREIGNIS
Wenn unsere Energieversorgung sich von den fossilen Brennstoffen wegbewegt, wird sich die Art und Weise, wie wir Energie übertragen und speichern, von Grund auf ändern.

3-MINUTEN-ZYKLUS
Bisher bezahlten die Nutzer für Energie in der Regel nach Verbrauch. Das mag für einen Brennstoff wie Gas sinnvoll sein, der sich auf Abruf in der Leitung befindet. Das gilt jedoch in viel geringerem Maß für Strom, der unmittelbar nach seiner Erzeugung genutzt werden muss. Während wir zu einer diversifizierteren Erzeugung übergehen, dürfte eines Tages die verbrauchte Energiemenge von weitaus geringerer Bedeutung sein als Zeit und Ort, an dem sie verbraucht wird.

Früher erzeugten wir Strom nach Bedarf mit in der Leistung anpassungsfähigen Kohle-, Öl- und Gaskraftwerken sowie Wärme durch die Verbrennung von Brennstoffen in Öfen und Kesseln oder in Fahrzeugen. Erneuerbare Energien wie Sonnen- oder Windenergie sind jedoch nicht durchgängig verfügbar, während die zeitweilige Abschaltung von Kernreaktoren unwirtschaftlich ist. Dies macht die Sicherstellung einer die Nachfrage zu jedem Zeitpunkt deckenden Energieversorgung schwieriger. Eine Lösung stellt die Energiespeicherung dar. Der Mensch ist erfinderisch, was das betrifft, und speichert oft schon seit langer Zeit Energie: in chemischer Form in Batterien, in Speicherkraftwerken, indem er Wasser unter Aufwendung von Energie in deren höher gelegene Stauseen pumpt, als Wärme in großen Wasserbehältern, mit Schwungrädern, durch Komprimierung von Luft in unterirdischen Hohlräumen und auf viele weitere Arten. All dies könnte im zukünftigen Energiesystem eine immer größere Rolle spielen. Auch die Art und Weise, wie wir Energie übertragen, wird sich ändern: Da mehr Strom auf der Ebene der Haushalte erzeugt wird, werden nationale Stromleitungen zunehmend Energie in eine Richtung transportieren, die der von ihren Konstrukteuren vorgesehenen entgegengesetzt ist, und Erdgasleitungen könnten eines Tages auch einen potenziell erneuerbaren Brennstoff wie Wasserstoff befördern.

VERWANDTE THEMEN
AUF DEM WEG ZUR KLIMA-NEUTRALITÄT
Seite 136

ENERGIEERZEUGUNG
Seite 138

KERNENERGIE
Seite 140

ENERGIEVERBRAUCH
Seite 144

3-SEKUNDEN-BIOGRAFIEN
LUIGI GALVANI
1737–1798
Italienischer Naturforscher, der zufällig die Grundlagen der Batterie entdeckte, als er einen Frosch mit Werkzeugen aus Kupfer und Eisen sezierte

ALESSANDRO VOLTA
1745–1827
Italienischer Wissenschaftler und Erfinder der ersten Batterie. Er widerlegte die These, nach der Strom nur von Lebewesen erzeugt wird

30-SEKUNDEN-TEXT
Sheridan Few

Energieübertragung und -speicherung helfen, Angebot und Nachfrage bei den Erneuerbaren in Einklang zu bringen.

ENERGIE-VERBRAUCH

30 Sekunden Klima

3-SEKUNDEN-EREIGNIS
Hightechgeräte, Elektro-
fahrzeuge und Wärmepum-
pen, aber auch Low-Tech
wie Isolierung und Umstellung der Ernährung sind für
die Verringerung unseres
CO_2-Fußabdrucks von
grundlegender Bedeutung.

3-MINUTEN-ZYKLUS
Früher wuchsen Energie-
verbrauch, Emissionen und
Wirtschaft im Gleichtakt. In
den letzten Jahren ist dank
der verbreiteten Nutzung
sauberer Technologien ein
allmählicher Rückgang der
Emissionen bei gleichzeiti-
gem Wirtschaftswachstum
zu beobachten. Aber selbst
wenn die Wirtschaft weiter
wächst und die Emissio-
nen sinken, bleiben Fragen
offen: Wie wirkt sich die
menschliche Zivilisation
auf die lebenswichtigen
Elemente Land, Luft und
Wasser aus, und ist ein
nachhaltiges Wachstum
auf einem Planeten mit begrenzten Ressourcen über-
haupt möglich?

Änderungen im Konsumverhalten

wie die weite Verbreitung von Geräten mit geringer
Leistung und hohem Wirkungsgrad, darunter LED-
Leuchten und -Fernseher, sind in ihrer Bedeutung
für die Erreichung der Klimaziele kaum zu über-
schätzen. Die Umstellung des Verkehrs auf Strom,
der aus Batterien fließt oder durch die Verbrennung von Wasserstoff und pflanzlicher Kraftstoffe
erzeugt wird, ermöglicht die Nutzung von Grün-
strom aus erneuerbaren Energien und die Vermei-
dung der Verbrennung fossiler Brennstoffe in Mo-
toren. Das autonome Fahren reduziert durch den
vermehrten Einsatz von Gemeinschaftsfahrzeugen
auf Anforderung die PKW-Flut. Da Heiz- und Kühl-
systeme zu den größten Wärmesenken zählen,
werden effiziente Wärmepumpen und Fernheizung
mit industrieller Abwärme ebenfalls einen ent-
scheidenden Beitrag leisten. Viele der wichtigsten
und wirksamsten Maßnahmen sind aber Low-Tech
und eher kostengünstig: Isolierung und Lüftung
tragen als längst etablierte Technologien wirksam
zur Reduzierung des Wärmebedarfs bei. Ebenso
reduzieren der Verzehr von mehr frischem, lokalem
Gemüse und Getreide sowie ein verminderter
Genuss von rotem Fleisch und Milchprodukten den
CO_2-Fußabdruck des Einzelnen erheblich, denn der
Energieaufwand für die Haltung eines Nutztiers
sowie Kühlung und Transport des Fleisches und
auch die Abholzung im Zusammenhang mit der
Ausweitung des Ackerlandes beeinträchtigen die
CO_2-Bilanz stark.

VERWANDTE THEMEN
AUF DEM WEG ZUR KLIMA-
NEUTRALITÄT
Seite 136

ENERGIEERZEUGUNG
Seite 138

KERNENERGIE
Seite 140

ENERGIEÜBERTRAGUNG
& -SPEICHERUNG
Seite 142

3-SEKUNDEN-BIOGRAFIEN
KARL FREIHERR VON DRAIS
1785–1851
Deutscher Erfinder, der das erste
weit verbreitete Fahrrad erfand,
bekannt als Veloziped, Dandy
Horse oder Laufband

CHARLES CORYDON HALL
1860–1935
Amerikanischer Chemieingenieur,
der die Technik zur Herstellung
des Low-Tech-Dämmstoffs
Steinwolle aus Kalkstein entwickelte

30-SEKUNDEN-TEXT
Sheridan Few

Schon mit kleinen Schrit-
ten beim CO_2-Fußabdruck
belasten wir die Umwelt
deutlich weniger.

1988
Gründung des Zwischen-
staatlichen Ausschusses
für Klimaänderungen
(IPCC), im Deutschen oft
kurz »Weltklimarat«, als
erste international aner-
kannte Behörde zum Klima-
wandel durch die Weltorganisation für Meteorologie
(WMO) und das Umwelt-
programm der Vereinten
Nationen (UNEP)

1990
Veröffentlichung des ers-
ten Sachstandsberichts

1992
Verabschiedung der Klima-
rahmenkonvention der Ver-
einten Nationen (UNFCCC),
mit der ein politischer und
rechtlicher Rahmen für die
Bekämpfung des Klimawan-
dels geschaffen wurde

1995
Veröffentlichung des zweiten Sachstandsberichts

1998
Unterzeichnung des von
der UNFCCC ausgearbeite-
ten Kyoto-Protokolls

2000
Veröffentlichung eines
Sonderberichts zu den
Emissionen von Treibhaus-
gasen und Schwefeldioxid

2001
Veröffentlichung des dritten Sachstandsberichts

2007
Veröffentlichung des vier-
ten Sachstandsberichts

Dezember 2007
Auszeichnung mit dem Frie-
densnobelpreis

2014
Veröffentlichung des fünften Sachstandsberichts

2015
Aushandlung des Überein-
kommens von Paris durch
die UNFCCC, das von den
197 Mitgliedsstaaten un-
terzeichnet wird (siehe Bild
unten)

2017
Ankündigung der Vereinig-
ten Staaten, sich aus dem
Pariser Abkommen zurück-
zuziehen

2021
Veröffentlichung des
sechsten Sachstandsbe-
richts vorgesehen

DER IPCC

Um die Bedrohung durch den

Klimawandel zu verstehen und sich darauf vorzu-bereiten, riefen die Nationen der Welt den Weltklimarat (IPCC) ins Leben. Er befasst sich mit den wissenschaftlichen, technischen und sozioökonomischen Folgen des vom Menschen verursachten Klimawandels. Dazu sammelt er öffentlich zugängliche Daten und erstellt auf ihrer Grundlage regelmäßige Berichte. In Absprache mit Klimawissenschaftlern sowie Regierungs-vertretern aus 195 Mitgliedsstaaten und der EU erstellt der IPCC verschiedene Szenarien zu den Wirkungen auf Umwelt und Wirtschaft und gibt Empfehlungen an die Politiker ab. Der Weltklima-rat besteht aus drei Arbeitsgruppen, die für die Bewertung der wissenschaftlichen Forschung zu Klimasystemen und Klimawandel, die Anfälligkeit sozioökonomischer und natürlicher Systeme bzw. die mögliche Minderung der Treibhausgasemis-sionen zuständig sind.

In seinem ersten Bericht kam der IPCC zum Schluss, dass die Emissionen von Treibhausgasen wie CO_2, Methan und FCKWs laufend steigen und dass dieser Anstieg der Konzentration in der Atmosphäre den Treibhauseffekt verstärkt. Er sagte einen Anstieg der durchschnittlichen globalen Temperatur um 0,3 °C pro Jahrzehnt im 21. Jahrhundert voraus. Dieser Bericht lag der 1992 angenommenen Klimarahmenkonvention der Vereinten Nationen (UNFCCC) zugrunde, die einen politischen und rechtlichen Rahmen für den Umgang mit dem Klimawandel schuf.

Im fünften Sachstandsbericht kam der IPCC zum Schluss, dass die Konzentration von Treibhaus-gasen in der Erdatmosphäre ein Niveau wie zuletzt vor über 800 000 Jahren erreicht hat und dass sich die Temperaturen ohne Verminderung der Emissionen um mehr als die kritischen 1,5 °C erhö-hen werden, sodass der globale Wasserkreislauf verändert wird und die Meeresspiegel ansteigen.

2015 handelte die UNFCCC mit den 197 Mit-gliedstaaten das Übereinkommen von Paris aus, um den globalen Temperaturanstieg im 21. Jahr-hundert auf weniger als 2 °C über dem vorindus-triellen Niveau zu halten. Es sieht vor, dass sich jedes Mitglied seine eigenen Ziele setzt, Maß-nahmen ergreift und über seine Beiträge zur Ein-dämmung des Klimawandels berichtet. Die USA kündeten im August 2017 ihren Ausstieg aus dem Abkommen an, doch es zählt auch danach immer noch 197 Vertragsparteien.

Claire Asher

GEOENGINEERING

30 Sekunden Klima

Das Geoengineering kennt zwei

Hauptmethoden: *Solar Radiation Management* (SRM), bei dem die verstärkte Reflexion von Sonnenlicht in den Weltraum die Erde abkühlen soll, und das *Carbon Dioxide Removal* (CDR) zur Reduzierung des CO_2-Gehalts in der Atmosphäre. SRM packt nur die Symptome des Klimawandels an, CDR dagegen die Ursachen. Zu den SRM-Methoden gehören das Versprühen kleiner Aerosolpartikel in der oberen oder von Kondensationskeimen in der unteren Atmosphäre zur Erhöhung der Albedo. Zwar würde die Wirkung dieser kostengünstigen Methoden schnell eintreten, aber ein künstliches, wohl empfindliches Gleichgewicht zwischen dem Treibhauseffekt und der kühlenden Minderung der Sonneneinstrahlung wäre die Folge. Dieses müsste über Jahrhunderte aufrechterhalten werden, solange weiter Treibhausgase in die Atmosphäre gelangen, denn die vorschnelle Einstellung der Maßnahme würde den Klimawandel beschleunigen. Außerdem kann SRM die Versauerung der Ozeane nicht in direkter Weise vermindern. Dem mit der CO_2-Emissionsreduktion verwandten CDR ist in der Regel der Vorzug zu geben, denn das Klimasystem gelangt dadurch, wenn auch sehr langsam, in weiten Teilen in einen naturähnlichen Zustand. Zu dessen Methoden gehören technische Abscheidung von CO_2 aus der Umgebungsluft, Aufforstung, Anreicherung des Kohlenstoffs im Boden, Ozeandüngung und verstärkte Verwitterung von basischen Gesteinen wie Basalt an Land oder im Meer.

3-SEKUNDEN-EREIGNIS
Als Geoengineering bezeichnet man umfassende Interventionen in das Klimasystem der Erde, meist, um dem menschengemachten Klimawandel, insbesondere der globalen Erwärmung, entgegenzuwirken.

3-MINUTEN-ZYKLUS
Aufgrund der zu geringen Kenntnisse bezüglich Umsetzbarkeit und möglicher Nebenwirkungen von Geoengineering-Technologien ist es noch zu früh, deren Einsatz in naher Zukunft zu erwägen. Einige davon sehen eine Freisetzung von Stoffen in die Umwelt vor, die das Klima, insbesondere die Niederschlagsmuster, verändern. Deren beabsichtigte Effekte und Nebenwirkungen würden viele Länder oder die ganze Welt betreffen. Aufgrund seiner inhärenten internationalen Implikationen bedarf das Geoengineering vor seinem Einsatz einer umfassenden Diskussion.

VERWANDTE THEMEN
WÄRMESTRAHLUNG & TREIBHAUSEFFEKT
Seite 38

GLOBALE ERWÄRMUNG
Seite 112

KLIMAFAKTOREN & STRAHLUNGSANTRIEB
Seite 116

DIE VERSAUERUNG DER MEERE
Seite 124

3-SEKUNDEN-BIOGRAFIE
PAUL JOSEF CRUTZEN
geb. 1933
Niederländischer Atmosphärenchemiker, bekannt für seine Arbeiten zum Abbau der Ozonschicht und den Begriff »Anthropozän« für die durch den Menschen geprägte geologische Epoche

30-SEKUNDEN-TEXT
John Shepherd

Die Auswirkungen des Geoengineerings auf Mensch und Umwelt sind nicht genau abzuschätzen und sehr unterschiedlich; einige CDR-Methoden sind außerdem teuer.

INTERNATIONALE ZUSAMMENARBEIT

30 Sekunden Klima

VERWANDTE THEMEN
GLOBALE ERWÄRMUNG
Seite 112

DER IPCC
Seite 146

3-SEKUNDEN-EREIGNIS
Die weltumspannende internationale Zusammenarbeit ist für den Fortgang der Klimawissenschaften und die Bekämpfung der Ursachen und Auswirkungen des Klimawandels von grundlegender Bedeutung.

3-MINUTEN-ZYKLUS
Die Länder der Welt stritten erbittert um den Maßnahmenkatalog zur Bekämpfung des Klimawandels. Mit ersten internationalen Abkommen verpflichteten sich nur die besser entwickelten Länder zu einer strikten Emissionsminderung, mit der Pariser Vereinbarung setzten sich dagegen alle Unterzeichnerstaaten in Anerkennung des Wunsches nach grünem Wachstum Emissionsziele. Die wohlhabenderen Länder verpflichteten sich zudem zur Bereitstellung von hundert Milliarden Dollar pro Jahr, um die Bemühungen ärmerer Länder zu unterstützen.

Da der Klimawandel ein globales

Problem ist, müssen Wissenschaftler weltweit zusammenarbeiten, mobil sein und Daten austauschen. Dazu gehören Eisbohrkernaufzeichnungen und Messungen von Meereshöhe und -temperatur, beispielsweise durch Satelliten und Überwachungseinrichtungen. Da sämtliche Länder der Erde Treibhausgase produzieren, müssen Maßnahmen, um wirksam zu sein, international abgestimmt werden. Die 1992 unterzeichnete Klimarahmenkonvention der Vereinten Nationen (UNFCCC) dient dabei als Grundlage für globale Verhandlungen über Maßnahmen gegen den Klimawandel. Das 2015 ausgearbeitete und 2016 von 195 Unterzeichnern ratifizierte Übereinkommen von Paris darf aufgrund der Anzahl der Unterzeichner und der Geschwindigkeit der Ratifizierung unter UN-Verträgen als einzigartig gelten. Die Vertragsstaaten verpflichten sich mit der Unterzeichnung zur Reduktion ihrer Treibhausgasemissionen, zur Ausarbeitung von Plänen zur Anpassung an den Klimawandel und zur Unterstützung der ärmsten Länder. Auch Städte arbeiten global zusammen und tauschen Erfahrungen bei der Reduzierung von Emissionen aus, so beispielsweise im Rahmen von C40, einem Netzwerk von 90 Weltstädten, die sich für eine sauberere Umwelt einsetzen. Kooperationsplattformen existieren auch für Unternehmen und Nichtregierungsorganisationen (NGOs), um bei Klimaschutzmaßnahmen grenzüberschreitend zusammenzuarbeiten.

3-SEKUNDEN-BIOGRAFIEN
CHRISTIANA FIGUERES
geb. 1956
Costa-ricanische Politikerin, die 2010–2016 Generalsekretärin des Sekretariats der UNFCCC war und zu den Schlüsselfiguren bei den Verhandlungen zum Pariser Abkommen von 2015 zählte

KOKO WARNER
Promotion 2001
Expertin des Weltklimarats für die Auswirkungen des Klimawandels auf die ärmsten Gesellschaften der Welt und Hauptautorin des fünften Sachstandsberichts des IPCC

30-SEKUNDEN-TEXT
Alyssa Gilbert

Die weltweite Zusammenarbeit steht bei der Bekämpfung des Klimawandels im Mittelpunkt.

QUELLEN

BÜCHER
Atmospheric and Oceanic Fluid Dynamics: Fundamentals and Large-Scale Circulation
Geoffrey K. Vallis
(Cambridge University Press, 2017)

Dynamic Climatology
John N. Rayner
(Blackwell Publishing, 2000)

Environmental Hydrology
Vijay Singh (Hrsg.)
Siehe Kapitel 4, »Understanding river hydrology«,
B. L. Finlayson und T. A. McMahon
(Kluwer Academic, 1995)

Global Physical Climatology
Dennis Hartman
(Academic Press; 1. Aufl., 1994)

Global Warming: Understanding the Forecast
David Archer
(John Wiley & Sons; 2. Aufl., 2011)

Introduction to Circulating Atmospheres
Ian N. James
(Cambridge Atmospheric and Space Science
series, Cambridge University Press, 1994)

Introduction to Weather and Climate Science
Jonathan E. Martin
(Cognella, Inc., 2014)

Princeton Primers in Climate series (Princeton
University Press, seit 2010), *darunter:*
Atmosphere, Clouds and Climate David Randall
Climate and Ecosystems David Schimel
Climate and Oceans Geoffrey K. Vallis

The Cryosphere Shawn J. Marshall
The Global Carbon Cycle David Marshall
Paleoclimate Michael L. Bender
The Sun's Influence on Climate Joanna D. Haigh und
Peter Cargill

Sustainable Energy Without the Hot Air
David MacKay
(Green Books, 2008)

Water Resources Planning and Management
R. Quentin Grafton und Karen Hussey (Hrsg.)
Siehe Kapitel 2, »Understanding global hydrology«,
B. L. Finlayson, M. C. Peel und T. A. McMahon
(Cambridge University Press, 2011)

ARTIKEL IN FACHZEITSCHRIFTEN
Few. S., Schmidt O. und Gambhir A. (2016)
»Electrical energy storage for mitigating climate
change«, *Grantham Institute Briefing Paper* 20

Finlayson, B. (2010) »Hydrology: An introduction«,
GWF Discussion Paper 1002, Global Water Forum,
Canberra, Australia www.globalwaterforum.org/
2010/09/28/hydrology-an-introduction/

Graven, H. (2016). »The carbon cycle in a changing
climate«, *Physics Today* 69 (11), 48
https://physicstoday.scitation.org/doi/10.1063/
PT.3.3365

Kummu, Matti und Varis, Olli (2010) »The world
by latitudes: A global analysis of human population,
development level and environment across the
north–south axis over the past half century«,
Applied Geography 31, 495–507

WEBSITES

AVOID 2, Infografik
www.avoid.uk.net

Bureau of Meteorology, Australien
www.bom.gov.au/lam/Students_Teachers/
learnact.htm#cm

C40 Cities Climate Leadership Group
https://www.c40.org

Carbon Brief
www.carbonbrief.org

CSIRO (Commonwealth Scientific and Industrial
Research Organisation)
www.csiro.au/en/Research/Environment/
Atmosphere-and-climate

European Climate Foundation (ECF)
www.europeanclimate.org

Global Carbon Project
www.globalcarbonproject.org

Grantham Institute. Klimawandel und Umwelt
www.imperial.ac.uk/grantham

IAEA (Internationale Atomenergie-Organisation)
www.iaea.org/topics/nuclear-power-and-
climate-change

IIASA (Internationales Institut für angewandte
Systemanalyse)
www.iiasa.ac.at

IIED (International Institute for Environment
and Development)
www.iied.org/climate-change

IPCC (Weltklimarat)
www.ipcc.ch

Lancaster Environment Centre
www.lancaster.ac.uk/lec

Met Office Hadley Centre
www.metoffice.gov.uk

NASA
www.nasa.gov/subject/3127/climate

NewClimate Institute
https://newclimate.org

NOAA (National Oceanic and Atmospheric Administration)
www.noaa.gov/climate

NSIDC (National Snow and Ice Data Center)
https://nsidc.org

Potsdam-Institut für Klimafolgenforschung
www.pik-potsdam.de

Tyndall Centre for Climate Change Research
www.tyndall.ac.uk

WHO (Weltgesundheitsorganisation)
www.who.int/globalchange/en

WMO (Weltorganisation für Meteorologie)
https://public.wmo.int/en

WWF
www.worldwildlife.org/threats

ZU DEN AUTOREN

HERAUSGEBER

Joanna D. Haigh ist Professorin für Atmosphären-physik und Co-Direktorin des Grantham Institute (Klimawandel und die Umwelt) am Imperial College in London. Seit ihrer Kindheit vom Wetter fasziniert, hatte sie das Glück, als Wetter- und Klimaforscherin Karriere zu machen. Ihre For-schungsschwerpunkte sind die Wechselwirkung von Sonnen- und Wärmestrahlung mit der Atmosphäre und die Physik des Klimawandels.

VORWORT

Susan Solomon ist Professorin für Atmosphären-wissenschaften am MIT. Sie gehört zu den welt-weit führenden Vertretern der Atmosphären-forschung und leitete das US-Forschungsprojekt »National Ozone Expedition« in der Antarktis. Neben zahlreichen anderen Auszeichnungen erhielt sie 1999 die *National Medal of Science* (die höchste wissenschaftliche Auszeichnung der USA), die *Grande médaille de l'Académie des sciences* und ist gemeinsam mit dem Klimawissen-schaftler Syukuro Manabe von der Princeton Uni-versity Träger des Crafoord-Preises für grund-legende Beiträge zur Klimaforschung. Sie ist Mitglied der US National Academy of Sciences, der französischen Académie des sciences, der Royal Society und der Academia Europaea.

AUTOREN

Claire Asher ist eine Wissenschaftskommunikatorin mit Schwerpunkt Ökologie und Evolution. Sie promovierte an der Universität Leeds in Genetik, Ökologie und Evolution und schreibt seit einigen Jahren berufsmäßig über Naturwissenschaften.

Ben Britton ist Dozent am Imperial College in London und stellvertretender Direktor des Centre for Nuclear Engineering. Er promovierte an der Universität Oxford in Materialwissenschaften mit Schwerpunkt Leistungsfähigkeit von Metallen für hochwertige technische Anwendungen. Am Imperial College setzt er seine dahingehenden Forschungen fort und erweiterte sie auf Hüllmaterialien für Kern-brennstoffe.

Hugh Coe ist Professor für Atmosphären-zusammensetzung an der Universität Manchester. Er leitet eine große Forschungsgruppe, die Instru-mente zur Messung der physikalischen und che-mischen Eigenschaften von Aerosolpartikeln für Feldmessungen von Boden- und Luftfahrzeugen aus entwickelt. Anschließend wertet sie deren Daten aus, um wichtige Prozesse zu quantifizieren und die Simulationen der Luftqualität und des regionalen Klimas auf eine kleinere Anzahl zu reduzieren. Er leitete zahlreiche große Feld-experimente, deren Gegenstand unter anderem die Biomasseverbrennung über Amazonien oder Staub-und Schadstoffaerosole über dem Gangestal waren. 2014 wurde Coe von Thomson Reuters als einer der hundert am häufigsten zitierten Geowissenschaftler ausgezeichnet.

Matthew Collins leitet den Joint Met Office Chair für Klimawandel an der Universität Exeter. Sein Hauptforschungsinteresse gilt den physikalischen Aspekten von Klimaschwankungen und -änderungen unter Verwendung globaler Klimamodelle.

Sheridan Few ist wissenschaftlicher Mitarbeiter am Imperial College in London. Er promovierte 2015 zur Physik organischer Solarzellen und ergründet seitdem mit Computermodellen die im Energiesystem erforderlichen Veränderungen, damit der Klimawandel unter Berücksichtigung erneuerbarer Energiequellen abgemildert wird.

Brian Finlayson ist wissenschaftlicher Mitarbeiter der School of Geography an der Universität Melbourne. Drei Jahrzehnte lang lehrte er Geomorphologie, Hydrologie und Klimatologie in Großbritannien und Australien. Außerdem forschte er in Spanien, China, Taiwan, Südafrika und Laos. Finlayson berät Behörden und Industrie in Fragen der ökologischen Auswirkungen der Wasserwirtschaft. In jüngster Zeit beschäftigt er sich mit der Hydrologie des Jangtsekiang.

Alyssa Gilbert ist Direktorin für Politik und Übersetzung am Grantham Institute (Klimawandel und die Umwelt) am Imperial College in London. Sie war als Umweltberaterin mit den Schwerpunkten Klimawandel und Energiepolitik sowie zuvor als wissenschaftliche Beraterin für den stellvertretenden Bürgermeister von London und als Journalistin für Umweltpolitik in Brüssel tätig.

Heather Graven ist Dozentin für Physik am Imperial College in London. Sie promovierte an der Scripps Institution of Oceanography der University of California in San Diego. Ihre Forschung konzentriert sich auf den globalen Kohlenstoffkreislauf und seine Reaktion auf menschliche Aktivitäten und den Klimawandel.

Sue Grimmond ist Professorin für Stadtmeteorologie an der Universität Reading. Sie leitet ein innovatives Forschungsprogramm, mit dem der Einfluss der Oberfläche (Wälder, Feuchtgebiete, Schnee und Städte) auf Grenzschicht- und Hydroklimaprozesse untersucht wird. Seit einiger Zeit beschäftigt sie sich mit der Entwicklung von Wetter- und Klimadiensten für Städte.

Ed Hawkins ist Professor für Klimawissenschaften an der Universität Reading und maßgeblich für die Ausarbeitung des sechsten Sachstandsberichts des IPCC verantwortlich. Zu seinen Forschungsschwerpunkten gehören historischer Klimawandel und Klimaprognosen für die kommenden

Jahrzehnte. Hawkins erhielt den ersten *Climate Science Communications Award* der Royal Meteorological Society für seine neuartigen Datenvisualisierungen des sich wandelnden Klimas, darunter seine »Klimaspirale«, die anlässlich der Eröffnungsfeier der Olympischen Spiele 2016 in Rio de Janeiro verwendet wurde.

Ellie Highwood ist Professorin für Klimaphysik am Institut für Meteorologie und Dekanin für Diversität und Integration an der Universität Reading. Sie studierte an der Universität Manchester Physik, bevor sie in Reading promovierte. Zu ihren Forschungsinteressen zählen die Rolle von atmosphärischen Partikeln (Aerosolen) für das Klima und dessen Wandel. Highwood leitete zwei internationale Forschungsprojekte zur Messung der Eigenschaften von Aerosolen mit Flugzeugen und zur Entwicklung globaler Klimamodelle unter Berücksichtigung von Saharastaub, bei Vulkanausbrüchen ausgestoßenen Partikeln sowie vom Menschen verursachten Aerosolen. Sie ist die Autorin von über 60 Artikeln in Fachzeitschriften, publiziert aber auch oft für eine breitere Leserschaft und arbeitet mit den Medien zusammen. Von 2016 bis 2018 saß sie der Royal Meteorological Society vor.

Bryan Lawrence ist Direktor der Abteilung für Modelle und Daten des britischen *National Centre for Atmospheric Science* an der Universität Reading. Zu Beginn seiner akademischen Karriere analysierte er Radar- und Satellitendaten, bevor er sich der Klimamodellierung zuwandte. Lawrence ist Autor zahlreicher Artikel zu Aspekten der Datenverwaltung und -pflege sowie der Klimawissenschaften.

Shawn Marshall ist Glaziologe und Inhaber des Lehrstuhls für Klimawandel an der Universität Calgary in Kanada. Er untersucht Kryosphären-Klima-Prozesse und die Reaktion der Gletscher auf den Klimawandel in den kanadischen Rocky Mountains, der Arktis, Island und Grönland.

John Marsham ist außerordentlicher Professor an der Universität Leeds und am *National Centre for Atmospheric Science* sowie Mitglied von *water@ leeds*. Er forscht zur feuchten Konvektion (Wolken und Stürmen) im Zusammenhang mit Wetter, Klima und Klimawandel. Sein besonderes Interesse gilt den Tropen, Subtropen, Monsunen und Wüstensystemen.

John Shepherd ist emeritierter Professor für Erdsystemwissenschaften am *National Oceanography Centre* der Universität Southampton, dessen erster Direktor er war. Er hat zum Transport von Schadstoffen in der atmosphärischen Grenzschicht, zur Verteilung von Markierungsstoffen in der Tiefsee, zur Entsorgung radioaktiver Abfälle im Meer, zur Bewirtschaftung von Meeresfischbeständen sowie zur Modellierung des Erdsystems und Klimawandels geforscht. Zu seinen aktuellen Forschungsinteressen gehören die natürlichen Schwankungen des Klimasystems und die Entwicklung vereinfachter Klimamodelle als Instrument, um historischen Klimawandel zu verstehen. Er leitete mehrere unabhängige Überprüfungen von Offshore-Projekten zur Stilllegung von Öl- und Gasförderungsanlagen und ist Mitglied des *INSITE Scientific Advisory Board* sowie des *Research Board* der *Gulf of Mexico Research Initiative*.

Keith Shine ist der erste Regius-Professor für Meteorologie und Klimawissenschaften an der Universität Reading. Nach einem Physikstudium am Imperial College in London lehrt er seit mehr als drei Jahrzehnten in Reading und leitet die Forschung. Shine trug zu den Berichten des IPCC bei und wurde 2009 zum Mitglied der *Royal Society* gewählt.

Tim Woollings ist außerordentlicher Professor für Physikalische Klimawissenschaften an der Universität Oxford. Im Mittelpunkt seiner Arbeit steht das Verhalten von Jetströmen in mittleren Breiten und Sturmbahnen: ihre genauere Vorhersage für die nächste Woche und das folgende Jahr und ihre Reaktion auf den immer größeren Treibhauseffekt. Er trug zu drei Kapiteln des fünften Sachstandsberichts des IPCC über den Klimawandel bei.

INDEX

BILDNACHWEIS

Der Verlag möchte gerne folgenden Personen und Organisationen für ihre freundliche Genehmigung zum Abdruck der Bilder in diesem Buch danken. Alle Anstrengungen wurden unternommen, entsprechende Bildrechte einzuholen; für mögliche Versäumnisse entschuldigen wir uns.

Alle Illustrationen in den Bildmontagen, sofern nicht anders vermerkt: Shutterstock, Inc.

Alamy/Jörg Reuther 61UG /Ton Koene 61UG

Biodiversity Heritage Library 61M, 71M, 73M, 81, 107UG, 107M, 125M, 1270, 1290L, 145MR

Photo courtesy of the G.S. Callendar Archive, University of East Anglia 114

Brian Finlayson, Tom McMahon and Murray Peel (vectorization by Ali Zifan) 9

Flickr/Smithsonian Institution 36

Getty Images/ Universal Images Group 55M /Jim Sugar 96 /SSPL 99M, 101UG

Goddard Space Flight Center 35M

Ed Hawkins 135 (global temperature guide)

Library of Congress 39M, 75M, 79UG /Dorothea Lange 116

Missouri Botanical Gardens 61UL

NASA 63UG, 91M, 91MR, 91ML, 91MO, 93OR /JPL-Caltech 119U, 121M

NOAA 57OM, 93M, 93OL

NSIDC (National Snow and Ice Data Center) 63M

Österreichische Nationalbibliothek 65M, 111M

Jeff Schmaltz, MODIS Rapid Response Team 61UG Science Photo Library/Mikkel Juul Jensen 149M

Svetozar Marković University Library, Belgrade 22

US Department of Energy 143MR

Wellcome Collection 21c, 35M, 43M, 45M 63UR, 93M, 109, 111M, 111UG, 116UM, 139UM, 143M

Wikimedia Commons/xfi 25M /CC Attribution-SA 3.0 /Cacophony 27UM /Lucas VB 35M /National Library of Norway 58 /National Science Foundation 82 /Creative Commons CC BY 2.0 /Presidencia de la República Mexicana 146–7 /US Patent 1, 857, 585 99UR